農業は脳業である

困ったときもチャンスです

古野隆雄

コモンズ

農業は脳業である――困ったときもチャンスです●もくじ●

第1章

伝統農業、近代化農業、有機農業

私が生まれ、いまも暮らす寿命集落。手前は合鴨が泳ぐ我が家の田んぼ

1　私の原風景

家族みんなで働く自給的生活

村は五つの池とそれをつなぐ水路で囲まれ、周囲に広がるさまざまな形と大きさの田んぼの中を幾筋かの用水路がゆっくりと流れていた。一〇世帯で、人口は約七〇人。用水路は素掘りの泥の溝で、ところどころ水辺に柳の木が植えられ、屈曲したところは石積みになっていた。

私が生まれた一九五〇年から六〇年代初頭までの村の暮らしと風景は、いまとはずいぶん違う。当時はほとんどの仕事が肉体労働で、田んぼや畑ではいつも多くの人たちが働いていた。ここでいう村とは、福岡県嘉穂（かほ）郡桂川（けいせん）町寿命の小さな集落である。

我が家の屋根は、夏も涼しい麦わら葺き。玄関の左側が牛小屋で、一頭の黒牛を飼っていた。田んぼや畑はすべて、この牛に犂（すき）をひかせて耕す。これが大仕事であった。とくに炎天下、泥田の中を牛を追って終日歩きまわる代（しろ）かきは重労働であったようだ。代かきをする父の陽焼けした足に泥がついて、やけに細かったのをよく覚えている。

一九八〇年ごろになって、あるおじいさんがトラクターで代かきをしている息子を見て、こう叱咤激励したという。

「座っていて、代かきができる。遊びのごたる。なんぼでもできる。面積をもっと増やして、どんどんやれ」

水と泥でグチャグチャになった田んぼを歩かないでいいことは、革命的であったのだ。

田植えは、もちろん手植え。我が家では、県南の筑後(ちくご)地方から七〜八人「田植えさん」と呼ばれる助っ人を雇っていた。苗取り、苗運び、苗配り、苗をまっすぐ植えるために棕櫚(しゅろ)縄を引く縄引き、田植え……。とても忙しかった。いまのように軽トラックなどない。苗を入れた竹籠を天秤棒で担いで、六月の雨でぬかるむ道を伯父が運ぶ姿を、いまでもはっきりと想い出す。家族と合わせて一四〜一五人が田植えにかかわっていた。

腰の痛くなる辛い仕事だったはずだが、なぜか陽気におしゃべりをしながら賑やかに働いていたのを覚えている。当時の田植えは、初夏の光のように明るい光景だった。田植えのときは必ず、鶏を三羽殺して食べた。もちろん、鶏は御馳走だった。

収穫作業も多くの人手を要する。鎌で稲を刈る。広げて乾かす。秋雨に稲穂が濡れないように、小山のように積み重ねる。晴れが数日続いたら、脱穀する。

脱穀作業は、稲を一カ所に集める仕事から始まる。そして、集めた稲を父と伯父たちに手渡す。父たちがそれを脱穀機に入れる。脱穀したわらを遠くへ投げるのは、子どもの仕事だった。遠くへ投げないと、脱穀機のチェーンにわらがすぐに巻きついてしまうからだ。脱穀は、家族全員で協力して行う流れ作業だった。脱穀した籾は、庭いっぱいに広げた莚（むしろ）の上で、何日間も天日でていねいに乾かした。雨が降りだすと大変だ。おとなも子どもも総出で莚をたたみ、急いで納屋に運び込む。

収穫も脱穀も長くきつい仕事だが、収穫の喜びと、米が売れて現金が入ってくる楽しみがあった。私が母に「グローブを買ってよ、かあさん。みんな持っとるばい」と言うと、母は必ず、「秋、米が売れたら買うてやるばい」と先延ばしした。当時の我が家の現金収入は、米と麦の販売によってのみ得られていた。

冬の農閑期は、裏山に薪を拾いに行った。北風が激しく吹く寒い日も、林の中は風があたらないので比較的暖かい。日ごろの燃料は薪か麦わらか木炭で、ご飯は麦わらと薪で炊く。その火でサツマイモやピーナッツを焼いて食べるのが、手伝いの楽しみだった。

週に一～二回、運搬用の大きな自転車に魚箱を五段ぐらい積んだ魚屋さんが村に来た。買うのはいつも塩鯖（さば）か塩鯨（くじら）。外食は一年に一～二回、桂川町に近い飯塚市で、たいていかけうどんだった。お金をあまり使わない自給的生活である。

私は一九六五年に高校に進学するまで、自分でお金を出して物を買った経験がほとんどない。幼いころから、「金を使うのは悪いことだ」と祖母から教えられ、素朴にそれを信じていた。

身体を使うハードな仕事が多かったが、生活のリズムは実にのんびりとしていた。我が家には、テレビもラジオも本もなかった。夏の夜は毎晩、縁側にござを広げて夕涼みだ。月や星を眺めながら祖母の昔話に耳を傾け、私は月にウサギがいると本気で信じていた。

絵日記はいつも魚獲り

まわりには、生きものの種類も数も多かった。たとえばトンボ。近年は赤トンボもめっきり少なくなったが、当時は立っていると顔にぶつかるくらい、たくさんいた。そして、銀ヤンマ、金ヤンマ、塩辛トンボ、糸トンボ、黒トンボ……。魚の釣り糸につけた浮きの先に、糸トンボが飛んできてスーッと止まる。夏の早朝、小さな池の上を静かに飛んでいく糸トンボの美しさは、いまも忘れられない。

魚はどこにでもたくさんいた。田んぼの中にも、用水路にも、池にも。家の周囲には素掘りの泥の小さな下水溝があった。そこに台所からご飯粒や味噌汁の残りが流れていくと、六月にフナやハヤの稚魚が群がる。ドジョウもエビも、この小さな溝にたくさん棲んでいた。魚が湧く光景である。

私は一九九三年に、インドネシアにアヒルの調査に行った(第6章2参照)。ジャワ島の田舎のアヒル小屋の横に小川が流れていて、水草の中に手を差し込んでみると、手の中は小さな魚でいっぱいになった。私は長いあいだ忘れていた懐かしい感覚に、茫然と立ち尽くしていた。それこそ、子どものころに体験した魚の湧く光景だった。

フナやナマズの稚魚を私は毎日、田んぼの水口(みなくち)(田んぼへ水を引く入り口)で獲っていた。小学校の夏休みの絵日記は、魚獲りの話ばかりだった。そのころ浄化槽や下水道などまったくなかったが、川の水はなぜかいまよりきれいだった。

夏の晴れた日の午後には、母が神社の前の用水路へ洗濯に行く。そこだけ川底が砂だった。母が洗濯をしているあいだ、私と妹は泳いだり魚を獲ったりした。下流で妹がしょうけ(米を運ぶときに使う竹の籠)を立てて待ち構える。私が両足で水音をジャブジャブさせながら、上流から魚を追っていく。「よし」と私が言うと、妹がしょうけで水底をすくい、持ち上げる。フナ、ナマズ、ハヤ、テナガエビ、カマツカ、ドンコなどが、しょうけの中でピチピチ跳ねまわっていた。夏の煌(きら)めく光のなか、水底に魚影を映しながら下流に向かって必死に逃げて行く魚の姿を想い出すと、いまでも心が躍るようだ。

秋の一〇月一〇日、用水路の水がいっせいに止まる。この日、私たちは田んぼの畔道を走って学校から帰った。そして、ランドセルを放り投げて魚獲り。

水はすでに引き、あちこちに水溜りができていた。魚はそこに集まっている。その「溜り」の上と下に川底の泥を積み上げて、水が浸入しないようにする。しっかり泥を積んでいないと、上流の水が泥を押し流し、一気に崩壊する。これを「バレル」と言った。バケツで水を汲み出すと、泥水の中から魚の姿が見えてくる。フナ、コイ、ハヤ、カニ、エビ、ときにはウナギもいた。泥水の中には何でもいたのだ。ナマズはたいてい石垣の隙き間に潜んでいた。手を突っ込んで、ときには四〇センチを越す大物をつかみ出した。

村のまわりの五つの池はそれぞれ所有が決まっていた。こちらは子どもの手にはおえず、獲るのはおとなだ。獲った魚は竹串に刺して火であぶる。川魚特有の芳ばしい香りが家中に充満した。それをすり鉢ですってそうめんのつけ汁のだしにしたり、ナスといっしょに煮たりした。

2　機械と農薬がやってきた

急速な変化

幼年時代のことだから、いつごろかはっきりしない。たぶん農業基本法が制定された一九六一年以降であろう。我が家も耕耘機を購入し、同時に牛を手放した。牛がいなくなると、堆肥の原料の牛糞がなくなる。堆肥はつくらず、田畑には化学肥料のみを投入した。村中がそうなっていったのである。

「耕耘機になって楽になった。牛の世話をせんでよくなって、何か物忘れしたごたる」

当時よく耳にした話である。これは百姓の本音だろう。牛には、一日も欠かさず鎌で畦草を刈って、朝と夕方に給餌せねばならなかった。一方で耕耘機なら、使用時に燃料を注げばすんだ。

耕耘機は、やがて乗用トラクターに代わっていった。田植えも、腰が痛く、人手を要する手植えから、歩行用の田植機に代わる。稲刈りも、バインダー(稲の刈り取りと結束を同時に行う機械)になり、コンバイン(稲の刈り取りと脱穀を同時に行う機械)になった。これで田植えや稲刈りは、信じられないほど楽になった。

母の体験談によれば、農薬のない時代は、朝早くに田んぼの水の表面に油を落として広げ、檜(ひのき)の葉で稲の葉をたたいて、害虫のウンカを落として防除していたという。最初に登場した農薬は、たしかホリドールだったと思う。村中総出の共同作業で、ゴムホースを引っ張り、長いハンドルのついた手動式の噴霧機で散布して、ウンカなどを退治した。その光景はいまでも忘れられない。

この共同作業はかなり辛かったらしい。母は嘆いていた。

「ホリドールを散布すると、目がまわるごときつい」

ホリドールを散布した田んぼには赤い札が立てられ、子どもたちは近づかないように言われた。その後、次々に新しい農薬が開発されていく。

父が白いタオルで口をきつく結び、農薬散布機を背負う。この散布機には「ナイアガラ」という、長さ約三〇メートルの軽いホースがついていた。その先端を母が握っている。そして、田んぼの畦の両側に立ち、パダンサイドやパダンバッサという農薬を散布しながら平行移動していく。ナイアガラの下側には数センチおきに小さな穴が開いていて、そこから稲の上に散布されるのだ。その様子がまるで、ナイアガラの滝のようである。ナイアガラとは実に上手な表現だ。

私は子どものころ、この仕事を手伝った。風が吹くと、田んぼ全体が農薬の白い霧で覆われる。イヤな辛い仕事だ。風でナイアガラが宙に舞う。

「引っぱれ。ゆるめれ」

大声で怒鳴り合う。どうも農薬は、人の心をイライラさせるようだ。

除草剤は、二－四ＤやＰＣＰという新しいタイプが登場した。その結果、手取り除草をしなくてよいので、身体が楽になったのは確かだ。夏中かかっていた炎天下の辛い除草作業から解放された。

こうした農業近代化の総仕上げとして、我が村でも一九七〇年代後半に基盤整備事業が行われた。どの田んぼも縦一〇〇メートル×横三〇メートルの長方形になり、水路は三面コンクリート張りで、用排水分離の直線になった。草の生えていた田舎道は、すべて直線のアスファルト道に変身した。機械作業と水の利用効率を上げるため、何の面白さもない画一的風景に変容したのだ。

農業近代化の功罪

結局、農業近代化は、辛い「人間労働」を化学肥料や農薬・除草剤や機械などの化石エネルギーに置き代えていく、「限りない省力化」の過程であった。たしかに、「便利」で、仕事は「楽」になった。それは、高度経済成長のもとで多くの農民の生活感覚に合致した。だから受け入れられたのだろう。

近代化の便利さをだれもが享受し、どの農家も物質的に豊かになっていく。貧しくて何もなかった我が家も、ラジオ、テレビ、洗濯機、車、新しい家、トラクター、コンバインと、物に囲まれて暮らすようになった。私たちの生活全体が近代化され、便利になっていったのは、歴史的事実である。その大きな流れの一部が、農業近代化なのだ。

ただし、問題点もあった。トラクターやコンバインは便利で楽であったが、同時にとても高く、当時で数百万円もしたのだ。購入するためには、農業か農業外で苦労して働き、現金を得なければならない。コンバインの導入で節減される肉体労働と、コンバインを買うために投入する労働の収支は、いったいどうなっていたのだろうか。しかも、コンバインを導入しても、稲の収量は増えないのだ。

「二町（ヘクタール）や三町の稲をつくっていても、とてもコンバインや田植機や乾燥機は買いきらんばい」

たいていの農家は、農外収入や米以外の換金作物の売り上げを機械代にあてる。私の村ではイチゴが多くつくられていた。つまり、農業近代化で田植えや稲刈りは省力化されたが、生活全体をとおしてみると、たくさんの物と情報を得るために、かえって忙しくなった面もある。

農業近代化は部分的に合理的であっても、総合的合理性に欠けていたかもしれない。いわゆる機械化貧乏である。収入を得るために機械を買うのではなく、機械を買うために米を作る。何のための機械化だろうか？　いつのまにか、労働の節約という「手段」が「目的」に変化していた。農業近代化と引き代えに私たちが失ったものは、計りしれない。

川も田んぼも面白くなくなった

幼年時代、私は毎日、川や山で遊んだ。私の心はいつも、魚や鳥を獲ることで占領されていた。近年、「環境」が時代の大きな問題となり、その象徴としてメダカや赤トンボが話題になっている。当時、私たちの眼中にメダカや赤トンボなどはない。関心は、もっぱらフナやナマズやウナギなどの「食べられる魚」にあった。

そのころ、「環境」という言葉は現在ほど使用されなかった。現在と違って「環境」は「食」に直結していた。どうやら、日本人は近代化のなかで、「魚は食べるために獲る」という当然のことを忘れつつあるようだ。釣った魚を再び川や海に戻すキャッチアンドリリースという考え方ではなく、川や池や田んぼの魚を食べものとしてとらえてこそ、自然環境は守れると私は信じている。川の水を飲み、川の魚を食べていれば、川は汚せない。

だが、農業近代化のもとで、身のまわりにたくさんいた生きものがいなくなり、豊かな風景は単調になっていった。湧くようにいた魚が、まったくいなくなった。幼年時代だから、何が原因なのか明確にはわからない。それでも、除草剤のＰＣＰが初めて使用された日のことは鮮明に覚えている。白い腹を見せて、用水路に魚がいっぱい浮かんでいた。その魚をバケツに満杯に集めているおとながいた。「内臓を食べなければ大丈夫」と広言していたが、結局は食べなかったようだ。

私は、しばらくすれば魚は戻ってくると考えていた。しかし、釣り糸をいくら池や用水路に垂らしても魚は釣れない。仕方なく大川と呼んでいた穂波（ほなみ）川へ行ったが、やはり大きなフナやナマズやウナギやコイが白い腹を見せて、浮かんでいた。それ以来、魚の湧く光景は戻ってこない。

その後、農薬の魚毒性は低くなっていったが、基盤整備事業で用水路も排水路も三面コンクリート張りになり、魚の隠れ場や餌がなくなった。そして、排水の効率化のため、田んぼと排水路、排水路と穂波川とのあいだにかなりの高低差がつけられていく。魚にとっては、川と田んぼを結ぶ回路が閉ざされたのである。魚は川と田んぼを自由に往来できなくなってしまった。ふだんはもちろん、大雨で増水したときもである。大雨が降ると樋門（ひもん）（堤防の中に水路が埋設されている。水門より小さい）が閉じられるからだ。

こうして、フナやナマズやドジョウが田んぼで産卵できなくなった。この構造を変えないかぎり、農薬や除草剤の使用を止めても、魚は田んぼに戻ってこない。

私は単なる懐古趣味でこうした話を書いているわけではない。私たちの先祖は、はるか昔から、川や池や田んぼでの魚獲りに心を躍らせてきたはずである。中国でも、豊かな農村を「魚米の郷」と言う。

農業近代化のもとで、それが断絶した。これは大問題である。私の体験に照らすかぎり、魚獲りは学校や本で得る知識とは異なり、子ども時代の心の深いところに生まれる自然の欲求だ。心と身体の全体を使って自然と向き合う、最初のチャンスなのだ。

一九八七年ごろ、私は雑草を防除するため、六〇アールの田んぼにニシキゴイの稚魚を三万匹放流した。幼稚園へ上がる前の長男・隆太郎（りゅうたろう）と次男・泰治郎（たいじろう）は毎日毎日、田んぼの水口で網を持って魚を狙った。ある日、泰治郎が網を持って、畦にじっと座っている。妻が心配して尋ねた。

「泰ちゃん、どうしたとね」

「ママ静かにして。魚が戻って来るのを待っちょるとばい」

それから三〇分、照りつける夏の陽の下で、泰治郎は魚を待ち続けた。そして、ついに戻ってきた魚をつかまえて、ニッコリと笑ったのだ。

私は自分の幼年時代と重ね合わせて、子どもにとっての魚獲りの意味を深く考えさせられた。小さいころ、私は若松市(当時。現在は北九州市)の親類の家によく泊まりに行った。当時、若松は石炭景気に湧いていて、家では食べたことのないご馳走を食べたものだ。しかし、私は三日以上いると家に帰りたくなった。若松では、魚獲りができないからである。魚獲りのような多様な体験の積み重ねのなかで、子どもの個性が創られていくのではないだろうか。

いつのまにか、農薬や除草剤の影響を直接は受けないはずの里山の生きものも、めっきりと少なくなった。夏の初めごろ、雨が降ると必ず山道を這いまわっていたたくさんのサワガニや親子で一列に並んで歩いていたコジュケイは、どこへ行ったのだろうか。

農業近代化で、田んぼにはオタマジャクシと赤トンボしかいなくなり、川や山や田んぼが退屈で面白くない空間になってしまった。そして、川や山や田んぼから子どもたちの姿も消えた。

沈黙の春

この傾向は、この四～五年ますます顕著になっている。

「こんなことは初めてです。毎年すぐに鳥が飛んで来て、食べ尽くしてしまってたのに」

私の行きつけの本屋さんの前の街路樹のモチノキは、大きくて立派だ。その木は、二〇一三年の晩秋から一四年の早春にかけて、赤い美しい実をたわわにつけ続けていた。例年なら、ムクドリやヒヨドリやメジロに食害され、冬にその美しさを楽しむことはできない。二〇一三年は、まるでクリスマスプレゼントのように美しく実っていた。

ある市長さんは、市の公共施設の前に植えられている赤い木の実を見た職員から、「あれは何ですか」と質問されたそうである。

実は、こうした現象は九州一円で起きている。九州縦貫自動車道の両側に植えられているモチノキも、春まで赤い実をつけていた。結局、私の地域にはこの春、メジロやヒヨドリは飛んでこなかった。

この四〜五年、急激に身近な生きものが激減している。スズメ、ヒバリ、ツバメ、シラサギ、モンシロチョウ、アゲハチョウ、アリ、ミツバチ、ワバチ（ニホンミツバチ）……。トンボもめっきり少なくなっている。二〇一四年の夏は、赤トンボが驚くほど少なかった。春の山に入っても静かである。菜の花の中に立っても、ミツバチの羽音は少ない。訪花性の昆虫がめっきり少なくなっている。まさに沈黙の春である。

近年、トキやコウノトリの復活や生物多様性が注目されている。それはけっこうなことだが、身のまわりの生きものが急激に崩壊し始めていることに多くの人びとが気づいていないのではないか。生きもの調査ではなく、いないもの調査が必要であると思う。

私は三七年間有機農業を続け、毎日田畑に立ち、地域の自然を定点観測してきた。このままでは、人間とカラスしかいない地域になるのではないだろうか。

天淋（さび）し　ヒバリ少なく　春霞

3　有機農業の本質を求めて

すでに述べたように、子ども時代の私の眼には、農業近代化は「田んぼや池や川から魚が消えていく現象」として映った。一般的には、農業近代化の負の側面は、食物汚染や環境破壊として問題化していく。一九七一年に日本有機農業研究会が結成され、私は七七年に完全無農薬有機農業を始め、現在に至っている。

技術的には、日本の有機農業は、私の原風景にある伝統農業と近代化農業の中間に位置しているようにみえる。有機農業はふつう、トラクターや田植機やコンバインなどの便利な近代的テクノロジーは使用する。化学肥料や農薬や除草剤などの危険な化学合成物質は、一切使用しない。だから、近代化農業に比べて有機農業は、土づくり、雑草防除、害虫防除に細やかな対応が必要である。つまり手間がかかる。

これは、かぎりない省力化を続けてきた近代化の流れと明らかに逆行している。ここに、環境によく、安全で、美味しい農産物ができると評価されながらも、有機農業が広がらなかった大きな原因がある。

「環境の世紀」と言われる二一世紀にも、有機農業は手間がかかるという常識的イメージは変わっていない。有機農産物の認証制度も、こうしたイメージに支えられているのではないか。つまり、生産者が手間暇をかけ、苦労して生産した有機農産物は、環境保全に寄与しているのだから、消費者は当然高く買うべきであり、国や都道府県は支援（直接所得支払い＝デ・カップリング）すべきだという論理である。

だが、このイメージは、はたして正しいのだろうか？　近年、有機農業も環境保全型農業もブームとなっている。けれども、農薬や除草剤を天然資材に置き代え、化学肥料を有機資材に置き代えるだけでは、外部資材に依存するという基本構造において近代化農業の発想と変わらない。

あまり過重労働にならず、だれにもできて、循環的・永続的で、環境によく、魚が戻ってくるような有機農業の技術はないのだろうか。これが、この本を貫くテーマである。

紫の　藤も混ざりて　山笑う

第2章

苦節一〇年

台風で屋根が飛んだ堆肥舎の補修工事（1989 年）

1 私の有機農業の歩み

イチゴと桜

私が農業を始めたのは一九七七年だった。と書くと、きっぱりと聞こえるかもしれない。だが、実際には、農政経済学を学んでいた九州大学農学部の大学院を辞めて、両親がしていた慣行農法の稲作とイチゴづくりを手伝っていたにすぎない。

四月、山に桜が咲く。春風が吹くと、我が家にも花びらが飛んでくる。そのころは、イチゴの出荷が忙しい。

イチゴは気温が上がると傷みやすいので、早朝から収穫する。収穫作業より、選別とパック詰めに長い時間を要する。最盛期のこの時期、私は一日の大半をイチゴのパック詰め作業に費やしていた。

「いくらS（小）・M（中）・L（大）とていねいに、きれいにイチゴを並べたところで、味がよくなるわけではなし。この仕事に何の意味があるとやろうか。人はみな花に酔っているのに」

夕方イチゴを出荷するために農協に行くと、農学部を出ているというので、イチゴづくりの実際についていろいろ尋ねられた。しかし、実は私は何も知らなかった。大学では、農業の実際は何も習っていなかったからだ。私は「有学歴無経験者」であった。

常に課題を与えられる学校生活と違って、農業は自分で自分の課題を見つけていかねばならない。私はその自由の海の中で、溺れかけていた。毎日毎日、これから先どんなふうに農業をしようかと考えあぐねていたのだ。桜の花が美しければ美しいほど、私の心は晴れなかった。

一期一会

九州大学で農業史を教えていた故・山田龍雄先生は、私が大学を卒業するときに定年退官された。その最終講義は、きわめて感銘深いものだった。

「君たちはこれから世の中に出ていくわけです。自分のしている仕事が世の中でどんな役割を果たしているのか、よく考えて働いてください」

ある日、私は山田先生のこの「贈る言葉」を想い出す。そして、有吉佐和子さんの『複合汚染』を読んで有機農業に関心があった私は、単純にこう結論づけた。

「農薬は農家にとってよくないし、消費者にとってもよくない。社会にとっても悪い。

オレの役割は有機農業の実践だ」

問題は、その具体化にあった。私は最初の一歩が踏み出せないで、無聊（ぶりょう）の（退屈な）日々を送っていたのである。

そんなとき、私は一人の老人に出会った。故・西田久雄さん。当時、六〇歳ぐらいだった。あらゆる人生の困難を乗り越えてきた揺るぎない自信と少年の純粋さが、その笑顔のなかに併存している。それが西田さんの第一印象だ。

西田さんは熊本の旧制第五高等学校、京都大学を卒業後、中国東北部で地下資源調査に従事。第二次世界大戦後は、混乱のなかで牧場を経営したり、肉屋グループや乳業会社を興し、晩年は飯塚市の山間部にある牧場で肉牛を飼いながら、悠々自適の生活を送っておられた。つまりは、「有学歴有経験者」である。私にとっては、人生の大先輩でもある。

ある日、牧場を訪ねると、若輩の私に丁重に語りかけてくださった。

「古野さん、いっしょに有機農業の勉強をしましょう」

まるで、私の状況を心得ているようであった。西田さんは当時、牛糞の堆肥化にライフワークとして打ち込んでいた。牛の体が糞尿で汚れないように、牛舎には新しいノコクズ（木材の粉）をときどき敷く。そのノコクズを大量に含んだ牛糞は、堆肥化できない産業廃棄物と考えられ、一般の農家には敬遠されがちだった。ノコクズは分解しにくいからである。

「余っている牛糞を堆肥にできれば、土づくりができる。土づくりができれば、有機農業ができる」

こうして、私の有機農業は現実に動き始めた。私は一期一会の力によって生かされたのである。

自家用車を売ってショベルローダーを買え

「有機農業をする」と言ったところで、私はどのように堆肥をつくったらいいか、まったくわからなかった。そこで、西田さんに誘われるまま、滋賀県甲賀（こうか）郡水口（みなくち）町（現在は甲賀市）にある酵素の世界社で行われた微生物農法土づくり講習会に参加させていただいた。

この会社は、堆肥の発酵材バイムフードで有名である。現在も夏と冬の農閑期に、農家を対象とした講習会を開催している。土壌微生物の働き、堆肥・発酵有機質肥料・天恵緑肥（イモなどの緑の葉を発酵させた液肥）のつくり方、それらを使用した各種作物の栽培法などを、三泊四日で早朝から深夜まで連続講義を受けた。私はこのとき初めて、有機農業の理論と実際を深く学び、大学の学問とはまったく異なる実践の体系に深い感動を覚えた。

「その基を養わざれば末は栄えず。土づくりは最大の技術である」

情熱的に話される島本邦彦先生の話に、私たちは微生物農法の技術を学ぶと同時に、やる気を引き出された。私は先生の話を聴きながら、早く帰ってこの方法を試してみたいと思った。堆肥づくりの話が一段落すると、島本先生はこう話された。

「皆さん、帰ったらすぐ自家用車を売りなさい。そのお金で立派な堆肥舎を建て、堆肥を切り返すショベルローダーを買いなさい。そして、立派な堆肥をつくり、土をつくり、立派な作物をつくり、お金を儲けてベンツでも買ってください」

私はこの話に感動したが、残念ながら我が家は貧乏で、売る自家用車はなかった。仕方なく、農業用フォークとスコップで堆肥をつくることにした。まず、親類の土地を借りて、堆肥置き場を造った。元々は畑だったが、長年放置されていたため笹が群生している。それを鎌で払い、支柱を立て、莚を張ると、即席の堆肥舎(?)ができた。

当時は住宅ブームで景気がよく、近くの製材所には、雨に濡れて製品化できないチップ(細かく切った木材)が山積みされていた。私はトラックを借りて、このチップを毎日毎日運んだ。そして、大量のチップに親類の養鶏場からもらってきた鶏糞を二五～三〇％入れ、自家製の米糠、バイムフードなどを混ぜ合わせてトラクターで攪拌し、水分を調整しながら、即席堆肥舎に積み上げていく。一週間もすると、発酵堆肥特有のほんのりと甘い香りが漂ってきて、私は成功を確信した。

次は堆肥の切り返し。これがなかなかの大仕事だ。堆肥はふつう、積み込んだ翌日から発酵熱が出る。これは微生物の呼吸熱である。私はいつも温度計で測定した。堆肥の温度は上昇し続け、五〇～六〇℃で安定し、二～三週間もすると下がり始める。微生物の活動によって、堆肥内部の酸素が少なくなるからだ。そこで、堆肥の内部を外部へ、外部を内部へと動かして、酸素を供給する。これが切り返し作業だ。

スコップとフォークで何十トンもの堆肥を切り返すのは、単純な重労働である。それでも、私は寒風のなか脇目も振らずに、くる日もくる日もこの仕事に打ち込んだ。

その結果、芳香のする飴色の堆肥ができあがり、夏になるとたくさんのカブトムシの幼虫が発生した。質がよい堆肥の証拠である。もっとも、堆肥はできたが、野菜をつくる暇がない。気がついてみると、土づくりだけで一年が過ぎていた。

卵を売ってショベルローダーを買おう……

どうも私は物事に熱中しすぎる傾向があるようだ。微生物農法にすっかり魅了されて、講習会に通算一〇回近く参加した。その結果、島本先生のお陰でだんだんと野菜や米ができるようになっていく。野菜は何でもつくった。

でも、堆肥づくりは相変らずの手作業、大仕事である。そして、経済的には恵まれない

結婚式（1981年4月26日）。隆雄30歳、久美子24歳

生活が続いていた。当時はグリーンコープ（九州地方を中心とする生活協同組合）にグループで野菜を出荷していたが、軽トラックにガソリンを満タンにできなかった。満タンにすると、手持ちの現金が底をつくからである。

それほど貧乏だったけれど、私の心はいつも明るかった。目的と方法が決まっていたし、根拠はないが、なぜか輝く未来のようなものを確信していたのだ。自信が実力を創る世界。それが「青春」なのだろう。

一九八一年、私は相変わらずの貧乏暮らしのなかで結婚をした。

「ママ。どうしてパパと結婚したとね？」

「それはね、パパからもらった無農薬のイチゴがとっても美味しかったからよ」

妻の久美子は笑いながら、子どもたちの質問に答える。どうやら妻は、私ではなく有機農業と(?)結婚したようだ。イチゴ(一期)一会である。

一九八二年に生まれた隆太郎が離乳期を迎えたのを機に、私たちはニワトリを飼い始めた。我が子に安全な卵を食べさせたい。卵の売り上げでショベルローダーを買いたい。理由はこの二つだ。ただし、実際には、借金をして、中古のショベルローダーを購入した。価格は八〇万円。当時の私たちにとっては非常に高価な買い物だ。軽乗用車が新車で四九万円だったころである。

さらに、友達や親類に助けられて、手づくりで一六メートル×一二メートルの堆肥舎を建てた。広い堆肥舎でショベルローダーを自在に使えば、スコップとフォークに比べて堆肥の積み込みや切り返しがはるかに簡単にできる。その分、面白くなった。そして、良質の堆肥が量産でき、野菜や米が順調に育っていく。もっとも、雑草も旺盛に育ったのだけれど……。

堆肥の量が増えると、今度は軽トラックに積んだ堆肥をスコップで田畑に散布するのがきつくなる。そのころ、ちょうどトラクターが古くなり、更新期になっていたので、新しいトラクターとマニュアスプレッダーを同時に購入した。マニュアスプレッダーは、トラクターで牽引して堆肥を散布する機械である。これで堆肥の散布が楽になり、田畑への投

現在の野菜セット。この軽トラックで週に1回、
10～15種類の野菜と卵を届ける。1回2000円だ。

入量は一気に増えた。

消費者との提携

野菜はいっそうよくできるようになる。そこで、グリーンコープとの産直を止めて、セット野菜と卵で、消費者と直接結びつくことにする。それ以来、消費者とのこうした提携が続いている。

当初は一五軒程度に週一回配送し、代金は一軒あたり三〇〇〇～五〇〇〇円だった。一九八五年には約五〇軒に増え、週二回の配送に切り替える。八〇年代末には約一〇〇軒になった。野菜は年間五〇～六〇種類、配送先は軽トラックでほぼ三〇分以内、飯塚市が中心である。これは現在もあまり変わらない。

消費者が増えたきっかけは、地元の新聞に紹介されたり、飯塚市で発行されていたミニコミ誌に「やおいかん」というタイトルで一カ月に一回コラムを書いたりしていたからである。「やおいかん」は「簡単にはいかない」という意味の方言だ。私は字が汚いので、妻に清書してもらった。

そして直接的な理由は、野菜や米の味である。美味しかったので、兄弟や友人に紹介されるのだ。これが本当の口コミである。

あらためて振り返ってみると、「土づくりは最大の技術」という島本先生の言葉の意味を、私は実践のなかで深く気づかせていただいた。それによって、一つの世界が広がっていったのである。

2　土づくりをしても、雑草は防げない

土づくりには成功

こうして、徐々に土づくりすなわち地力維持システムの問題を解決していった。仮に牛糞や鶏糞や籾殻やノコクズやチップなどの堆肥材料が十分に入手できるならば、いくらで

も堆肥の生産と散布が可能になった。

農薬や化学肥料や除草剤は使用しないが、これは明らかに農業の近代化であろう。少なくとも機械化であり、効率化である。有機農業と効率化は、必ずしも対立概念ではない。有機農業三七年の体験に照らすかぎり、有機農業の効率化と省力化は常に現場の重要な実践的課題だ。

有機農業をある程度の規模で行っていくには、①人海戦術、②機械化、③アイディアという三つの方法がある。①は雇用による労働力の増加、②は機械除草など有機農業にふさわしい機械化、③は後に詳しくふれる技術体系全体の見直しだ。この時点で、私は土づくりを機械化した。それはそれで面白かった。「これでオレの有機農業も前途洋々ばい」と有頂天になったこともあった。

田んぼの雑草との闘いは連戦連敗

だが、現実はそんなに甘くない。常に自然は複雑で、優しくもあるが、手強い。私の有機農業には解決すべき課題が錯綜していた。なかでも、最大の課題は雑草をどう防ぐかだ。雑草防除と土づくりは別で、基本的には田畑にいくら良質堆肥を投入しても、雑草問題が解決するわけではない。

私は当時、一・七ヘクタールで米を、〇・三ヘクタールで野菜を、どちらも完全無農薬でつくっていた。野菜は栽培面積が狭い。マルチ（土の表面を覆う麦わらや黒のポリフィルム）、鍬や管理機による中耕（生育の途中で作物と作物の間を浅く耕す）、土寄せ（作物の根元に土を寄せかける）、手取り除草で、かなりの程度、雑草を抑えられた。

一方、田んぼは作付面積が広く、水がある。水があると、人間にしろ機械にしろ、移動が大変だ。人間は足が泥の中に沈むし、機械は車輪が埋まる。除草は困難を極めた。手押し除草機、田畑輪換、深水、二度代かき、ニシキゴイの稚魚やカブトエビの放流、動力除草機。ありとあらゆる除草法に挑戦してみた。それぞれを簡単に説明しておこう。

①手押し除草機

稲と稲の間に除草機を入れて手で押すと、鉄のツメの付いた車輪が回り、草を埋め込む。

②田畑輪換

田んぼと畑を数年おきに入れ変える方法で、水田輪作ともいう。私は、田んぼを三年、畑を三年にしている。水がある田んぼに生える雑草と乾いた畑地に生える雑草は、種類が異なる。そのため一般的に、田んぼを畑にすると畑の雑草の発生は少なく、畑に水を張ると田んぼの雑草の発生は少ない。

③深水

通常より田んぼの水深を深くすると、ノビエなどの雑草の発生が少なくなり、かつ成長が抑制される。私は一〇センチ程度にした。

④二度代かき
代かきをすると雑草はいったんなくなるが、二週間もすると再び発生する。そこでもう一度代かきをすると、雑草の発生が少なくなる。

⑤ニシキゴイの稚魚の放流
ニシキゴイの稚魚が田んぼを泳ぎまわって水を濁らせ、雑草の発生を抑える。

⑥カブトエビの放流
カブトエビは体長約二センチ、形はカブトガニそっくりだ。四〇対以上の足を動かして田んぼを動くので、水が濁り、雑草の発生を抑える。

⑦動力除草機
手押し除草機にエンジンをつけたもの。

結果はしかし、どれも、はかばかしくなかった。
夏の畑は忙しい。トマト、キュウリ、ナス、ピーマン、オクラ、インゲン、スイカ、ウリ、カボチャ、トウモロコシ、里イモ、サツマイモ、ショウガ、ネギ、ニラ。我が家の有機農業は自給の延長、百姓百作。できるものは何でもつくり、消費者にセットで届ける。

だから、手入れにも収穫にも、さらには配達にも時間がかかる。

畑仕事の合い間に、私と妻は朝四時から夜九時まで、炎天下の田んぼで除草作業に明け暮れた。くる日もくる日も、カブトエビのように這いまわったのだ。それでも雑草に負けて、収量は一〇アールあたり三俵と、ふつうの田んぼの三分の一しか穫れない年もあった。知人が、「無肥料、無農薬、無収穫」と冗談めかして言ったことがある。本当に、それに近い状態が続いた。

草は次々に生えてくる。一枚の田んぼの草取りを終わらせて、次の田んぼへ取りかかる。そこを終えて「やれやれ」と思っていると、すでに草取りを終わったはずの最初の田んぼで草が伸びている。何より辛かったのは、お盆が来ても除草作業が終了せず、「もうよか」と投げ出すときだった。お盆以降に除草しても、すでに穂が出ているので、たいした増収は望めない。時間切れ、試合終了で、私の負けだった。そんな経験を一〇年も続けたのである。

減農薬と無農薬は技術の次元が違う

そのころ福岡県では減農薬稲作運動が盛んで、福岡県有機農業研究会の仲間はほとんど減農薬稲作をしており、除草剤を多少は使っていた。私は、研究会主催の現地見学会がイヤだった。その日は、会員の田んぼを次々と見てまわる。他の会員の田んぼは減農薬。除草剤は使っているので、立派だった。私の田んぼだけが草だらけ。とくに、秋の長雨や台風の後は稲が倒れ、丈夫なヒエだけが直立し、近づくと稲の株元にコナギが茫々と群生している。その光景は惰農の証明のようで、恥ずかしかった。

それでも私が一〇年間、完全無農薬の稲作を続けたのは、なぜだろうか。それは、環境倫理の問題というより、技術のとらえ方による。減農薬と無農薬では技術のシステムが違っており、減農薬をいくら延長しても無農薬には決して到達できないと考えていたからである。

減農薬はどちらかというと、近代化技術の枠内ではないだろうか。だから、多くの人たちに受け入れられやすい。減農薬の場合は、農薬を多少は使用する。しかし、一回でも使ったら耕地の生態系は壊され、害虫も益虫も有用微生物もいっしょに死ぬ。だから、減農薬からは病気や害虫や雑草を防ぐ「自然の仕組み」は生まれないと、私は考えていた(いまもそう考えている)。

農薬を二分の一、三分の一、四分の一、さらには一〇〇分の一と減らしていっても、決してゼロにはならない。なぜなら、ゼロは無限大(1/∞)だからである。「無」と「減」は天と地ほどの隔たりがある。「減」は量的問題であり、「無」とは質が違う。

一度でも農薬や除草剤を使用すれば、仕事はきわめて楽になるだろう。使用しないためには、まったく違った発想の技術の確立が必要である。それは、「減」という発想の延長線からは出てこない。技術の次元が異なるのだ。

たしかに、減農薬から無農薬に変わっていった農業者もいる。だが、その技術は「減」から生まれた技術ではない。

そして、私は苦節一〇年の末に、合鴨君に出会った。驚いたことに、合鴨君はそれまでのどんな技術とも違っていた。

泥田にも　青空映る　梅雨

第３章

失敗の数だけ人生は面白い

我が家の田んぼ。稲の生育は順調だ（８月ごろ）

1 限界のなかで合鴨君と出会う

合鴨が雑草を食べる！

野見山末光さんは、世界救世教九州本部に勤めていた自然農法の指導者。かつて石炭景気に湧いた筑豊の小さな町、福岡県嘉穂郡稲築町（現在は嘉麻市）に住んでおられた。

合鴨君と出会うきっかけをつくってくださった野見山末光さん（右、1989年ごろ）

石炭の坑道から流れ出る地下水のため、稲の生育が毎年極端に悪い田んぼがあった。そんな劣悪な環境でも、一株だけ立派に育ち、みごとな穂をつけた稲があった。野見山さんはそれを選抜・育種され、新しい稲の品種を創り出された。「栄光」である。

自然農法をしている人たちによく知られていた栄光は、豪快な稲だ。一穂二〇〇～三〇〇

消費者による緑農(1984年)

粒、ふつうの稲の二～三倍も着粒した。茎は太く、おとなの小指ぐらいある。清明な秋の空のもとで黄金色の稲穂をつける栄光は、大地の生命力そのものだった。

一九八八年二月、私は野見山さんに誘われ、自然農法の勉強会に参加し、便箋四～五枚に書かれた「アイガモ除草法」のメモをいただいた。

「富山の有機農法家・置田敏雄さんが記されたものです。置田さんは私の友達です」

私は当時、一〇年の模索の果てに次のような除草法にたどりついていた。稲の苗はライン(線)状に植える。その線と線の間(条間)約三三センチに動力除草機をかける。株間は提携する消費者が手押し除草機を押す。完璧な除草を期して、縦横に除草機を通したのである。

私の無農薬米が欲しい消費者は夏に二回、緑農(援農)に来ていただく取り決めになっていた。それでも、除草機が届かない稲の株元には雑草が残る。とくに、広葉のコナギが繁茂した。最後は炎天下で妻と二人、一本一本コナギを抜かねばならない。これが大仕事であった。

そのころ私の有機稲作は、ほぼ限界に達していた。人間は限界に達すると、妙なことを考えるものである。私は柔らかいコナギを食用にする方法を真剣に考え、何とかして消費者に届けたいと思っていた。

そんなとき、「アイガモ除草法」に出会ったのである。一読して面白いと思った。田んぼを網で囲み、三～四週齢の合鴨のヒナを放し、雑草を食べさせるというのだ。雑草がなくなったら、雑草が生えている別の田んぼへ移動させる。富山県の礪波(となみ)地方を中心に行われてきたという。置田さん（西礪波郡福光(ふくみつ)町（現在は南砺(なんと)市）在住、二〇〇〇年に逝去）は無農薬米の栽培グループを組織し、合鴨を使って除草していたのである。

合鴨は機械と違う。稲の株元に残るコナギも上手に食べてくれるかもしれない。その鴨肉を人間が食べる。雑草を鴨肉に変換して人間が食べるわけだ。

寒風のなか、梅の花が咲き出していた。私は世界が広がっていく気がした。

除草からの解放への期待

「アイガモ除草法」に書いてあったヒナの入手先へ電話して、田植えの二週間前に一〇

○羽を送ってもらい、納屋の中に飼育小屋を設けて、ヒナを育てた。エサは、クズ米、米糠、緑餌（草）だ。クズ米だけだとタンパク質が足りず、頭ばかりが大きくなるという。ところが、小屋は光があたらないうえに、狭くて運動ができない。体も足も弱ったためだろう、半分が死んでしまった。なにごとも、経験がないと順調にはいかないものだ。気を取り直して、残りを大切に育てた。

夏が来て、いよいよ六月中旬に田植え。その二週間後、「アイガモ除草法」のメモどおりに、田んぼに高さ一・五メートルの竹の杭を立て、ヒナが逃げ出さないように網を張った。そして、四週齢の可愛いヒナ五○羽を放す。三週間近く狭い飼育小屋の中で飼われていたヒナたちは、開放の喜びを確かめ合うように、広い田んぼを縦横無尽に泳ぎまわった。小さな嘴（くちばし）で、稲の株元の害虫や水中の雑草を次々に食べていく。稲は食べない。

それは、私たちにやすらぎと安心感を与える不思議な光景だった。基盤整備によって画一的で退屈になってしまった田園風景のなかに、突如まったく異質の面白合鴨空間が出現したのである。合鴨が田んぼの風景を変えた。

ただし、このときも私は失敗を犯している。田んぼに入れてすぐに、五○羽のうちの半分がまた死んだのである。水慣らしをしなかったので、水に濡れて寒かったからだ。

合鴨のヒナは、生まれてすぐは羽毛に油がついているので、水に濡れない。だが、泳ぐ水のない小屋で飼っていると、水に入ったときに濡れる。私は七五羽もの合鴨のいのちを無駄にしてしまった。このときの苦い経験から、各地にヒナを送るようになった現在は、ヒナの育て方や放し方をていねいに書いて同封している。そして、『合鴨ばんざい――アイガモ水稲同時作の実際』『無限に拡がるアイガモ水稲同時作』『合鴨ドリーム――小力合鴨水稲同時作』（いずれも農山漁村文化協会）にまとめた。

雑草は嘘のように生えなかった。合鴨の開放の喜びと私の除草からの解放の期待が重なり合い、これで一〇年の苦労が終わると思った。

2 外敵との仁義なき闘い

犬にやられる

稲作に中干しという作業がある。土用干しともいう。九州では七月末から八月初めにかけて田んぼの水を落とし、乾かす。稲の根に酸素を供給して丈夫にするためだ。

八月初め、水を落とした翌朝、私は畦に立って合鴨を呼んだ。ところが、いつもは騒々しく駆けてくる合鴨が静かだった。何の反応もない……。

畦際に合鴨が一羽、死んでいるのが目に入った。そのとき、二匹の痩せた犬が、私の目の前で助走もつけずに高さ一・五メートルの網を飛び越し、私の存在を無視して悠々と去っていった。まるで「ボクが先に合鴨を見つけたのだよ」と主張しているように。

田んぼのあちこちに、合鴨の死骸が転がっていた。どれも背や尻に咬まれ傷を負っている。ムシャムシャと食べられた形跡はなかったが、二五羽のうち一七羽が惨殺されていた。凄惨な光景であった。

犬は、生きるため、食べるために合鴨を殺したわけではない。ハンティング（狩）の楽しみのために殺したのである。常日ごろはとてもおとなしい犬が、田んぼに遊ぶ合鴨を見つけるやいなや、形相を変える。吟る。人いや犬が変わったようになるのだ。

そんな光景を、私は何度も目撃したことがある。たぶん、森の中を風のように集団で駆け抜けてウサギやシカを倒していたオオカミの野性の記憶が、蘇るのだろう。

日本の飼い犬は一日中鎖につながれ、美味しくないドッグフードばかり与えられている。おまけに運動不足だから、ストレスいっぱいなのだ。ときに鎖を解かれた犬にとって、田んぼの合鴨を殺すのは絶好のストレス解消法にちがいない。

残ったヒナを家に連れて帰った私は、すぐに置田さんに電話をした。

「犬が多いところでは無理かもしれません」

置田さんの返事に、私は意気消沈。期待が大きかっただけに、落胆も大きかった。だが、すでにあらゆる除草法を試みて失敗していた私には、別の選択肢は考えられなかった。

「犬は日本中どこにでもいる。長く辛い除草に比べれば、犬との闘いは簡単だ。犬と闘えばいいのだ」

夕立ちの後の虹のように、私は心を切り換えた。こうして、私と犬との仁義なき闘いが始まった。

知恵比べが続く

翌一九八九年の六月、私は合鴨を放す田んぼの内側二メートルの位置に網を張った。畦際に網を張れば、犬はいきなり飛び込む。網を畦から離しておけば、犬は濡れながらわざわざ網のところまで行かないだろう。実際、私はそれまで一度も、水を張った田んぼの中に犬がいる光景を見た経験がなかった。

これで大丈夫と考えた私は、一〇〇羽の合鴨のヒナを三〇アールの田んぼに放した。ところが、放飼後一週間目に九〇羽が殺されたのだ。やはり犬の仕業だった。私は、常識にとらわれすぎていたのである。犬が水を張った田んぼで遊ばないのは、用事がないからにすぎない。合鴨という美味しい「獲物」が田んぼの中にいれば、事情はまったく違う。

野菜の収穫をしていたある日、私と妻は田植えがすんで満々と水を張った田んぼの中を犬が走っている光景に遭遇した。犬の散歩をしていたおじいさんが、川の土手で鎖を放したのだ。私たちはすぐに軽トラックで追跡した。その犬は他の田んぼを横切る最短ルートで一目散に我が家の合鴨田へ直行し、いきなり飛び込んだ。私たちもほぼ同時に着いたが、すでに二〜三羽のヒナがやられていた。咬み殺して遊ぶのだ。

田んぼに放すべき合鴨のヒナは、まだ二〇〇羽いた。早急に別の対策を考えねばならない。そこで、キュウリやインゲンなどのつるを巻かせるキュウリネットを買って、網の前に垂らしてみた。網目が大きいので、犬が足を絡ませるだろうと期待したからである。ところが、犬はネットをズタズタに切って侵入。放したヒナを一晩で全滅させてしまった。

私はじっと観察した。水を張った田んぼの中でも、合鴨に比べて犬のほうが断然、走るスピードが早い。田植えしてすぐの何の隠れ場もない田んぼで一〇〇羽のヒナを咬んでまわるのは、朝飯前、一瞬の出来事である。

この年も完敗であった。私は三〇〇羽近いヒナを犬に襲撃されたのだ。困り果てている私を見かねて、知人が農薬を届けてくれた。

「これで犬を毒殺したらいい。簡単だよ」

私はご好意に感謝しつつ、それをていねいにお返しした。いうまでもなく、毒餌の使用

海苔用の網を垂らして犬を防ごうとした（1990年5月）

は有機農業にとって論理的矛盾である。

私は、有機農業者らしくフェアプレーで勝ちたかった。と書くとカッコいいが、本当のところは、神経をすり減らす闘いに疲れ果てていた。だが、ここで諦めたら、男いや人間がすたる。私と犬との仁義なき闘いは続いた。

そのころ有明海では、海苔の養殖が盛んだった。養殖用の網は収穫が終わる八月には不要となり、お盆過ぎに浜辺で焼いたりする。その網を漁師さんからもらい、畦際の網の外にL字型に垂らしてみた。キュウリネットと違い、海苔用の網は丈夫だ。地面に垂らした部分で犬が足を絡ませるのではないだろうか。

一九九〇年五月の晴れた朝、私はこの仕掛けをした田んぼに合鴨のヒナを放した。その日は友人の家の棟上げがあり、手伝いに行った帰りの夜九時ごろ、合鴨を見に寄る。ちょうど三匹の犬が来ていたが、そのうちの一匹が海苔用の網に足を絡めた末、逃げていった。他の二匹もそれに従った。

「これでよし」

私は酒の酔いも手伝って上機嫌で帰宅し、子どもと妻に報告。翌朝四時に意気揚々と田んぼへ行った。ところが……。

海苔用の網は一カ所ずり落ち、犬が侵入していた。今回も、ヒナは放した晩に全滅させられたのだ。

「徒党を組む」という言葉がある。日ごろは単独行動している犬も、悪事を働くときはたいていグループ（徒党）を組む。この日も三匹の犬が来ていた。一匹が網に絡まれ、もがいて暴れているときに網が偶然ずり落ち、そこから次々に侵入したのだろう。私は家に戻って、まだ寝ている妻を起こし、状況を語った。

「どうしようもないばい。犬には勝てん。もう止めよう」

私たちはあまりのショックで、あきらめかけていた。私たちの話振りを聞いたのか、小学校二年生の長男・隆太郎が起きてきて、明るく尋ねた。

「パパ、またヒナを買うとやろ」

「ここで止めたら、子どもたちのためにもならん」

私たちは気を取り直し、再び闘いを挑むことにする。いつのまにか、外はすっかり明るくなっていた。

イノシシ対策の電気柵との出会い

だが、私には何のアイディアも浮かんでこない。

高校時代、英語の時間に「五月のようにさわやかに」という表現を習った。「アズ、フレッシュ、アズ、メイ(as fresh as May)」と言う。入学の喜びと五月の若葉の美しさが共振し、心に深く刻まれた表現である。若葉が美しくなると、私はこの言葉を想い出す。

ところが、実際には、「アズ、ビジー、アズ、メイ(as busy as May)」。有機農業の五月は目がまわるほど忙しい。稲の早稲(わせ)の田植えが五月の連休。中稲(なかて)の田植えが六月一〇日ごろ。その間の約一カ月で、トマトやナス、キュウリなど夏野菜の種播きと定植、手入れ、玉ネギやジャガイモや小麦の収穫、稲の苗づくり、田植えの準備をすまさねばならない。

私たちが義姉から「気分転換に梅ちぎりに来んね」と誘われたのは、そんな多忙な季節だった。義姉は八女(やめ)郡星野村(現在は八女市)に嫁いでいる。福岡県の山間部に位置する林業の村だ。

雨の日曜日。黄色く色づき始めた梅の実が、走り梅雨の雨に濡れていた。梅の木は棚田に植えられている。私たちは雨具をつけて、収穫作業を親子で手伝った。雨に濡れても、いつもと違う仕事は楽しい。一段落すると、姉夫婦が点在する持ち山を案内してくれた。杉の木を伐採して山焼きをした跡地には里イモが植えられ、緑の葉っぱがゆったりと広がっていた。周囲には四メートルおきに杭が立てられ、三段に電線が張られている。

「あれは何ですか、義姉(ねえ)さん」

「里イモをイノシシから守るための電気柵よ」

「電源は?」

「一二ボルトのバッテリー」

私は、即座に「これで犬に勝てる」と確信した。帰宅後すぐに、その電気柵のメーカーに電話して、事情を説明した。熊本県八代(やつしろ)市にある末松(すえまつ)電子製作所という小さな会社だ。末松弘社長の熊本弁は歯切れがよかった。

「うちの機械は、山間部でイノシシよけに使われとります。平場で犬対策に使うのは、あなたが初めてですたい。ふつうは農機具屋や農協にしか販売しまっせんが、すぐに送りますたい」

翌日、電気牧柵器と電柵線(以下、「電気柵」という)が届いた。電気柵の仕組みは単純だ。一二ボルトの電圧をゲッター(電気牧柵器)で一万ボルト近くまで増幅し、一秒おきに

電気柵と網の併用で、ついに犬に勝利

パルス電流として電柵線に流す。その電気ショックはまことに強烈だ。網は単なる「防御」であるが、電気柵は「攻撃的防御」と言えよう。なお、電気ショックで犬が死ぬことはない。

一変した状況

私は早速、すでに合鴨を放している早稲の田んぼを囲む網の外周に、電気柵を張った。効果は抜群。その夜から犬は、ピタリと来なくなった。嘘のような本当の話だ。

一度、強烈な電気ショックを受けた犬は、以後二度と近づかない。とりわけ、濡れた鼻先に受ける電気ショックはすごいらしい。犬は泣きながら、まさに尻尾（しっぽ）を巻いて逃げ去っていく。

犬を散歩させている飼い主は、可愛い合鴨を一目見ようと田んぼに近づく。しかし、犬は必死に鎖を引き、電気柵からできるだけ離れようとする。そんなアンバランスな光景を私は何度となく目撃した。

まっすぐに穂波川が流れる堤防の下に、平行にアスファルトの農道が走っている。農道に添って田んぼが広がる。ある夏の昼下がり、一匹の野良犬がアスファルトの道をてくてく歩いて来た。ところが、電気柵を張った我が家の合鴨田の近くまでくると、急に堤防に上がったのだ。そして、合鴨のいる田んぼが終わる位置に達すると、再び下に降り、アスファルトの道をてくてくと去っていった。この犬も電気ショックの良き(?)理解者。不思議な行動は、電気柵と犬との良好な(?)関係を明示している。

柵には、物理柵と心理柵がある。物理柵とは、たとえば動物園のゴリラの檻。ゴリラは物理的に檻を通過できない。もちろん、網も物理柵。たいていの柵は物理柵だ。一方、心理柵は、物理的には通過できるが、心理的に通過できない。電気柵は心理柵の代表である。私はそれまでとはまったく違う外敵防御システムに到達し、一九八八年から九〇年の三年間に及ぶ犬との闘いに終止符を打ったのだ。

人生は面白い。意識を集中して、必死で対策を考えているときではなく、一歩退いて心をニュートラルにしているときに、グッドアイディアが浮かぶ。偶然というより、なにか大きな流れに乗せられている気がした。この流れは、ゆっくりだったり、蛇行したり、ときには逆流するが、全体としては一定の方向に向かっているように思われる。

一つの技術で状況は一変する。連戦連敗のなかでの犬との駆け引きの体験が、今度は逆に大きな力となる。私は智謀のかぎりを尽くして一気に攻勢に出た。農業がどんどん面白くなっていく。

失敗のなかに道がある

私は星野村の義姉さんのところで電気柵に出会い、犬対策への利用を思いついた。一見すると「偶然」のように見えるが、よく考えると、そうではないことに気づかされる。もし、それまでの失敗と孤独と焦燥の日々がなかったなら、電気柵を見ても、即その利用を思いつかなかっただろう。

それまでも電気柵の存在は知っていたし、見たこともあった。しかし、失敗に失敗を重ねた末に義姉さんのところで実物を見るまで、その応用を思いつかなかった。

「苦労したとやね。電気柵ならオレも知っとったとよ。教えてやればよかったね」

農山漁村文化協会の雑誌『現代農業』の私の連載を読んで、山間部に住んでいる複数の知人からそう言われた。でも、それは違う気がする。その知人は、それ以前に私が犬に困り抜いていることは知っていたが、何のアドバイスもくれなかった。知っていることと、具体的にその応用を思いつくことは、別である。「コロンブスの卵」いや「合鴨の卵」なのだ。

失敗に失敗を重ねて、いつも集中して考え続けることで初めて見えてくる世界がある。たとえば、四月に晴天が続くと、水田輪作のジャガイモはまったく成長していないように見える。ところが、一雨降ると、そんなジャガイモの地上部が見違えるように大きくなる。日照りが続くと、作物は上に伸びない。大地に広く深く根を張る。一度、雨を得ると、その根で雨水というチャンスをつかみ、一気に大きくなる。

私たち人間も、失敗を重ねても、ギブアップしないで、真正面から向き合っているときに、チャンスを鷲づかみにできる根＝センサーを伸ばし続けているのである。その意味で、失敗のなかに道がある。

それにしても、なぜ、三年間の失敗の末に、私は電気柵に出会ったのだろうか。偶然ではなく、必然の気がする。何か大きな力によって動かされている気がする。

最後の晩餐・電気餌

私の田んぼには、「感電注意」と赤で大書きした看板を立てている。これは人間用。犬やキツネやイタチなどの外敵は、おそらく読めない。

では、どうして彼らは電気柵の意味を理解するのだろう。それは、実際に電気柵に触り、電気ショックを受けたからである。電気ショックを受けた犬が、仲間の犬にこの現象を正しく伝えられるかどうかは、わからない。犬社会のネットワークをとおして全体にすぐに伝わるといいのだが、どうもそうはいかないらしい。そこで、積極的に宣伝することにした。

夕方、田んぼの畦に続けて二〜三日、竹輪や天婦羅など犬やキツネの好物を置いてみた。たいてい翌朝なくなっている。その事実を確認したら、一番下の電柵線にこれらの好物を結びつけてみる。外敵は間違いなく、それに食らいつく。電柵線はプラス。地球はマイナス。外敵が二つを結ぶ回路となる。強烈な電気ショックが、犬の口、舌、そして脳天を直撃する。字の読めない犬も、電気ショックの味を一瞬にして完全に理解する。

これを称して「電気餌」と言う。電気餌は、電気柵のもっとも効率的な短期学習法である。最後の晩餐を食した外敵は以後、決して合鴨田に近づかない。

ショックを大きくする水上の技術

さらに攻撃は進む。イノシシ対策の電気柵はふつう、田んぼの畦の上に張る。私も最初はそうした。だが困ったことに、この方法では伸びてくる畦草が電柵線に触れる。雑草が

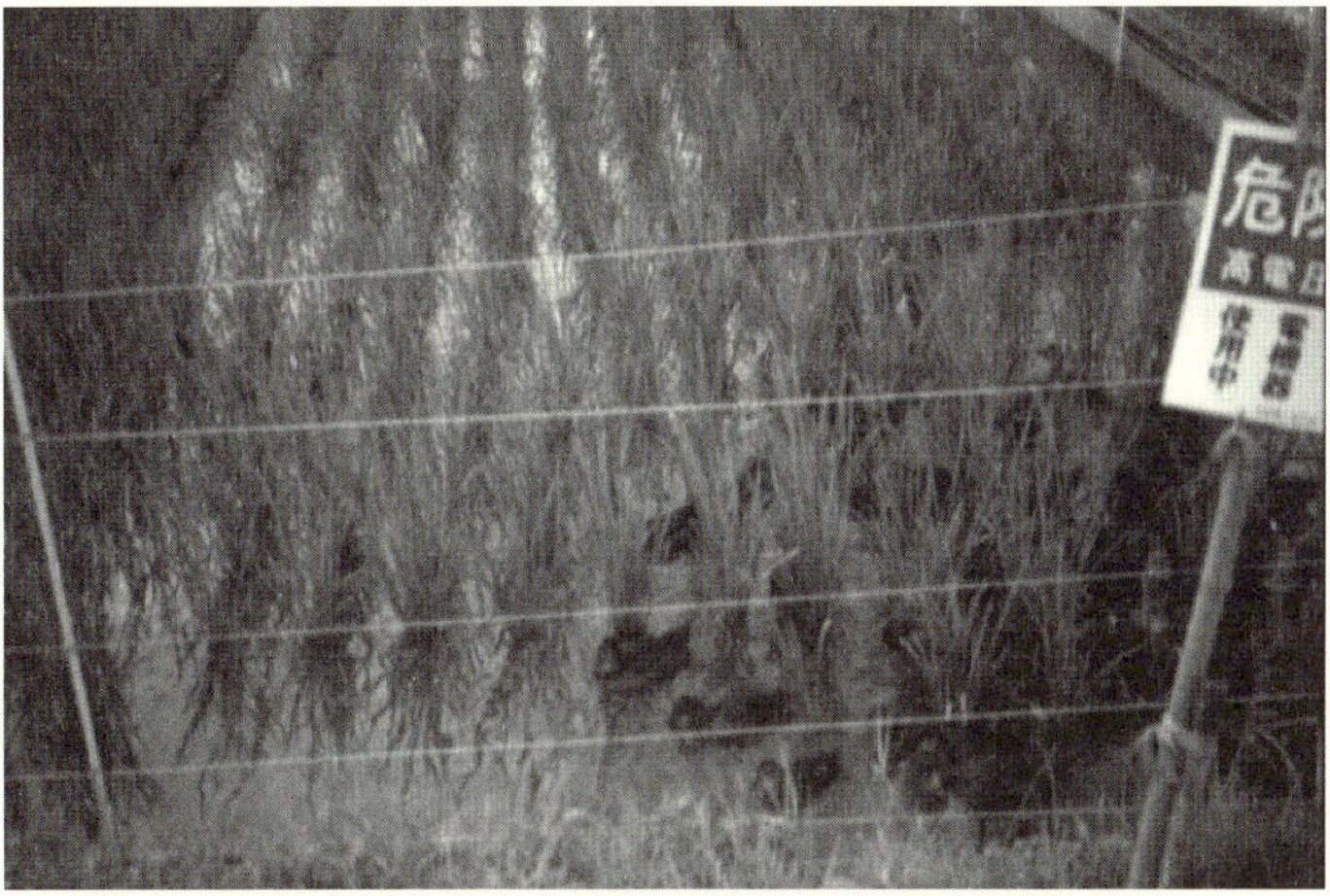

電気柵を張った田んぼにかかげられている看板。
「危険」と書かれているが、人間には危険ではない。

多く触れると漏電して、電気ショックが弱まってしまう。こまめに畦草を刈らなければならない。ところが、網や電線を切断しないように草を刈るのはむずかしい。

そこで発想の転換。畦の内側、田んぼの中に高さ一・八メートルのポールを立てて、水上に電柵線を張った。水中なので、草は生えにくい。畦と違って水平だから、電柵線はまっすぐ張りやすい。さらに興味深いのは、水中に犬やキツネが足を入れた状態での電気ショックが激しいことだ。私が計器で測定したところ、一・五～二倍あった。

こう書くと、必ず「人間が触っても大丈夫？」と心配する方がいる。心配御無用。電気用品安全法で許可された範囲内の電気ショックであり、人間に実害はない。見学の小学生は手をつないで電気柵に触り、「きた」「きた」と楽しむこともある。

こうなると余裕だ。田んぼに通うのが楽しくて楽しくて仕方がない。毎朝、子どもたちといっしょに、合鴨に餌をやりにいった。夏の朝のひんやりとした空気が気持ちよい。朝日を浴びて合鴨が羽ばたいている。うれしそうだ。

なぜか心が広くなっていく気がした。つぎつぎによい循環が始まり、違う世界が急に見えてきた。

困ったときがチャンス――〇・五秒のアイディア

とはいえ、「その後の私の合鴨水稲同時作は順風満帆だった」と書くと、嘘になる。私は向かい風のなかを歩き、相変わらず試行錯誤を繰り返していた。

二〇〇二年七月のある朝。散歩をしていた人が合鴨の異変を知らせてくれた。あわてて駆けつけると、四〇アールの田んぼに一〇〇羽近い合鴨のヒナの死体が散乱している。一二年間も続いてきた外敵との均衡関係が、突如として壊れたのだ。

この時期はちょうど、NHKテレビの『にんげんドキュメント　アイガモ家族の夏』(放映は二〇〇二年九月一九日)の収録中。連日カメラマンが、私の田んぼで合鴨の風景を撮影していた。私はこの事件で、放映は中止になるかもしれないと思った。

その日から私は、仁義なき闘いを再開する。まず、外敵の正体を見極めるために、入念に田んぼの中や電気柵を調べた。意外なことに、合鴨の咬まれた傷痕も田んぼに残された足跡も小さく、電気柵の乱れはまったくない。そこで、外敵は比較的小型の動物であると判断した。おそらく、小さな犬かイタチかテンが、電気柵の間をすり抜けて侵入したのだろう。

私は電気柵の下三本の間隔を狭くした。ところが、外敵の襲撃はやまない。今度は、刺激の強い強力タイプの電気柵に変えてみた。それも無力。相変わらず侵入された。まさに、「イタチごっこ」である。

これ以外には、以前やったように畦の内側に電気柵と網を張る方法しか思いつかなかった。しかし、二・三ヘクタール（当時の面積）の田んぼすべてに網を張っていくのは気の遠くなるような作業だし、技術的な後退でもある。私はピンチに陥った。

こうしたピンチから抜け出すためには、新しい発想が必要である。私は冷静沈着に思いをめぐらせた。そして、かつて田んぼの畦を歩いていて、田んぼから田んぼへ電気を流すために高い位置に張っていた電気柵に頭が触れたときのことを思い出した。そのときの私は、電気ショックで畦に座り込んでしまったのだ。

〈まともに外敵が電気柵に接触したら、決して内側に侵入できないだろう〉

〈では、なぜ侵入できたのだろうか〉

〈たぶん体が小さいので、電気ショックの刺激が起きる一秒間のあいだにスルリと侵入し、スルリと脱出したのだろう〉

〈そうか、刺激の間隔をもっと短くすればいいのだ!〉

私は、以前野菜の害虫防除用に試作してもらった、電気ショックの刺激間隔が〇・五秒の電気牧柵器を使ってみた。すると、正体不明の小さな外敵の攻撃は嘘のようにピタリと終止した。私は末松社長に電話して、田んぼのすべての電気牧柵器の刺激と刺激の間隔を〇・五秒にしてもらう。こうして再び、外敵との平和共存関係が戻ってきた。

末松社長によれば、他の会社の電気牧柵器も刺激間隔は約一秒という。電力会社の電気を使用するAC(交流)方式の電気牧柵器の刺激間隔は、法律で〇・七五秒以上と決まっており、それに少し余裕をみて、一秒にしているそうだ。田んぼで使う電気牧柵器は、近くに電柱がなくても使用できる、バッテリーを電源としたDC(直流)方式が多い。このタイプには刺激間隔に関する法的規制はないが、AC方式に準じて一秒にしていたという。

その後、末松電子製作所から小動物に威力を発揮する新製品として〇・七五秒間隔や〇・五秒間隔の電気牧柵器が売り出されるようになった。「電気柵の間隔」から「刺激の間隔」へ。「刺激の強さ」から「刺激の間隔へ」。外敵のおかげで目が開かれ、私の合鴨ワールドが少し広くなった。やはり、困ったときがチャンス、失敗のなかに道がある。

突然の外敵の侵入、試行錯誤、〇・五秒のアイディア、外敵シャットアウト、平穏な日常。そんなドラマとクライマックスが自然発生し、『にんげんドキュメント』は大いに盛り上がった。

外敵は番組を盛り上げるために、「悪役」としてノーギャラで登場してくれたわけである。人生は、何がどう展開していくか、まったくわからない。それが微妙で面白い。外敵君に感謝。

3　一鳥万宝の世界

もし除草しなかったら……

置田さんに合鴨除草法をご教授いただいたときの私は、田んぼの草取りに困り果てていた。だから、「田んぼに合鴨を放して、雑草を食べさせる」ことが目的のすべてであった。つまり、私は教えられたとおりの「除草法」として、この技術を見ていたわけだ。

実際には後にくわしく述べるように、合鴨の効果は除草にとどまるものではない。だが、この時点ではそこまで思い至らなかった。もっとも、それも無理はないだろう。農業の歴史は雑草との闘いの歴史でもあったからだ。ここで雑草について少し考えてみよう。

高温多湿な日本の夏。田んぼの雑草の繁殖力は、驚くほど旺盛だ。六月上旬、ていねいに耕起した田んぼに水を張り、トラクターで泥と土をかき混ぜ、土壌の表面を均平にする。雑草を土の中に埋め込み、不透水層をつくり、水の縦浸透を防ぎ、土を軟らかくする、代かき作業だ。そして、田植え。この時点では、田んぼに雑草も生きものもほとんど見られない。

それから一～二週間。私はこの時期の田んぼの水の中をのぞくのが大好きだ。新しいいのちが次々に誕生しているからである。カブトエビ、ホウネンエビ、カイエビ、ミジンコ、オタマジャクシ、フナ、ドジョウ……。田んぼの水の中は小宇宙。一気に賑やかになる。ちょうどこのころ、田面に緑の点々が出現する。コナギやウリカワなど出芽したばかりの雑草の赤ちゃんだ。初夏の太陽の光に照らされると、水中ではまるで緑の宝石のように見える。

ところが、気温の上昇に伴い、雑草はグングン大きくなる。とくに、水面に突き出た雑草の成長スピードはすごい。やがて稲を圧倒し、養分や光を奪い、風通しも悪くする。こうなったら、もう手遅れだ。一本一本、手で抜く以外にない。抜いた雑草は丸めて土中に埋め込み、泥を上にかける。いい加減に埋め込むと、雑草は再び根づいてしまう。

こんな作業を炎天下で毎日毎日続けるのだから、合鴨君に出会う前の私の有機稲作の除草は、本当に大仕事だった。除草剤を使用する慣行稲作には、こうした苦労はない。

もし、田んぼに稲を植えて除草を一切しないと、どうなるだろうか。多くの場合、雑草が隙き間なく生え、秋には雑草に覆われて稲が見えなくなる。長年、除草剤を使ってきた田んぼの場合、除草剤を止めて一年目は土壌中に雑草の種が少ないので、比較的発生は少ないようだ。しかし、二～三年もすれば確実に雑草だらけの田んぼになっていく。これは、自然の法則(?)である。

自然の生態系は常に、単純な系から複雑で多様な安定した平衡状態へと移行していく。農業はふつう、目的の作物しか植えない単純な系だ。田んぼには稲しか植えられていない。そこに雑草や害虫が発生するのは、まさに自然のなりゆきである。自然はいつも、多様化に向かって進んでいる。だから、田畑を放棄すれば雑草が生え、次に笹が生え、樹が生え、最後は森に還っていく。

この自然の遷移を強引に止め、目的の作物の生産力を上げるためには、人間の労働が必要だ。除草もその一つである。労働によって田んぼの美しさは保たれている。

田植えは除草対策

田んぼの泥水の中を歩くのは、だれでもけっこう大変だ。援農に来た消費者には、うまく歩けない人もいる。

ところで、稲は水を張った田んぼだけではなく、畑状態の田んぼでもうまく育つ。では、私たちの先祖はなぜ、わざわざ水を張った田んぼに稲を植え、育ててきたのだろうか。実際の田んぼを見ると、その理由にすぐに気づく。水の深いところは雑草が少なく、浅いところは多いのだ。とくに、水面から土が出ているところは雑草が大発生する。

「湛水条件下で発生する雑草量は、水分飽和の湿潤状態の約三分の一、普通の畑状態の六分の一に減少する」(山根一郎編『水田土壌学』農山漁村文化協会、一九八二年)。

つまり、先祖は水で雑草を制してきたのである。

では、なぜ田んぼに直接、種を播く直(じか)播きではなく、苗を移植する田植えをしてきたのだろうか。水田に直接、稲の種を播くと、雑草の種も同時に発芽を始める。スタートラインが同じ場合、生育スピードの早い雑草が稲を圧倒してしまうのだ。そこで、初めから大きな苗を植えて、雑草と差をつけてスタートさせる。田植えそのものが合理的な除草対策なのである。便利な除草剤の出現で、私たちは田植えの意味を忘れかけていないだろうか。

今も昔もどこでも大変な草取り

「二番草取りのあと追肥を行ない、ついで三番草を取る。このころになると、今の八月はじめにあたるから炎暑のさかりで、この草取りは大変きつい労働であった。稲の草丈も高くなり、するどい葉先が除草する者の身体を刺し、とくに雨上りのあとなど、草いきれで息のつまるような蒸し暑さだ。田の水は湯のように熱く、足の指はただれ、かぶれやすい者は顔がはれ上がり、ブユやヒルに悩まされる。町の人間や上に立つ人などには想像もつかない重労働であった」(清水隆久解題『日本農書全集第26巻農業図会』農山漁村文化協会、一九八三年)。

このように江戸時代の百姓にとっても、除草は夏の大仕事だった。私は一九九四年三月にベトナムに招かれたとき(第6章2参照)、北部のハイフォン近郊の紅河デルタで、農民に除草について質問した。当時、メコンデルタではすでに除草剤が使用されていたが、紅河デルタではまだ手取り除草が多かった。

「田んぼの除草について教えてください」

「成年男子一人で、一〇アールの除草に約八時間かかります。これを稲作期間中に、ふつう三回します」

「稲作の仕事のなかで、草取りが一番きついですか」
「一番きついのは、水牛を使って田を耕起する仕事です。次が草取りです」
日本だけでなく、ベトナムでも草取りは大変な仕事である。

害虫との闘い

九月になると、炎暑の夏も終わる。空の色や風の音まで秋めいてくる。稲作農家にとって収穫を目前にしたこの季節は、もっとも楽しい。仕事が一段落して、熟れていく稲を眺め、「何俵あるやろか」と想像する。

しかし、合鴨君に出会う前の私にとって、九月は期待も不安もいっぱいの季節だった。朝露に濡れながら田んぼに行ってみると、前日まで美しく輝いていた稲が生気を失い、枯れていることがあるからだ。稲の株元を調べると、たくさんのトビイロウンカがついていて、黒く煤(すす)けている。トビイロウンカが秋になって気温の低下とともに一カ所に集まり、稲を茶色く枯らしていく「坪枯れ」現象だ。ウンカを代表とする害虫対策もまた、稲作にとって大きな課題であった。

一度使用した油を田んぼの水の上に落とし、竹の棒や樒の葉で株元をたたいて、トビイロウンカを落とすのだが（一一二ページ参照）、減収は避けられない。いままでの努力が水の泡で、くやしくてたまらない。この坪枯れを経験すると、農薬を散布している周囲の農家の立場や気持ちもわかるような気がする。

合鴨君に出会う前の一〇年間、私はほぼ三年に一度の割合で坪枯れを経験した。ウンカの飛来が少ない年は坪枯れにまではならないが、やはり稲の株元は黒く煤けている。一〇年間、私はウンカの被害に戦々恐々としていた。

私だけではなく、日本の稲作農家は昔からしばしばウンカの被害を受け、大凶作が起きてきた。享保の大飢饉（一八世紀前半）も天明の大飢饉（一八世紀後半）も、原因はウンカの被害にあるようだ。江戸時代の農書にも、こう書かれている。

「天気候不順なる時は、稲に蝗生じ害をなして飢饉に至る。是天下の一大患なり」（気候が不順なときには稲にウンカが発生して害をするので飢饉になる。これは国家の大きな災害である）（大蔵永常『除蝗録』一八二六年、小西正泰ほか解題『日本農書全集第15巻除蝗録・農具便利論・綿圃要務』農山漁村文化協会、一九七七年）。

アジア各国でウンカ対策に合鴨君が活躍

二〇〇五年秋、私の村で、トビイロウンカによる坪枯れが多くの田んぼで発生した。この年、九州一円でトビイロウンカの被害が大発生。マスコミにも報じられた。

「私の村で合鴨をしているのは私の家だけです。周囲の農家は農薬を散布しているのに坪枯れしています。美しく稔っているのは、私の合鴨田だけです。合鴨万歳！」

こんな便りが九州各県から届いた。

なぜ、農薬が効かなかったのだろうか。

実はこの年、日本だけでなく、中国、韓国、ベトナム、タイなどアジア各国でウンカの被害が大発生していた。アジア各国で高収量米を栽培するようになり、農薬の使用量が増え、ウンカが農薬抵抗性を獲得。中国経由で日本や韓国に飛来し、坪枯れを起こしたわけである。私はアジアへ何度も行っているが、アジア各国で使われている農薬と日本で使われている農薬は名前が違うものの、成分は同じなのだそうだ。

そんな状況のもとでの合鴨君の大活躍。アジアのどこの国に行っても、合鴨君の害虫防除力には定評がある。二〇〇五年秋は合鴨君面目躍如の秋であった。

その後、二〇〇九年と一三年にもトビイロウンカの被害が発生。とりわけ二〇一三年の私の村の被害は、一〇〇万人以上の餓死者がでたともいわれる享保の大飢饉を彷彿させるほど激甚だった。周囲の農家は何回も農薬を散布したが、発生は止まらない。あちこちの田んぼで、坪枯れ現象が見られた。火をつけて燃やす田んぼもあった。坪枯れにまではならなくても、登熟歩合が低下し、大減収したようである。

一方、七ヘクタールの我が家の田んぼに被害はまったくなかった。と書きたいところだが、一部に被害があった。それは、補植用の箱苗を放置した田んぼである。箱苗は稲が密生しているので、合鴨君は侵入できない。だから、その中に飛来して定着したトビイロウンカを合鴨君は捕食できない。そこで異常繁殖したのである。

もちろん、私の合鴨田は全体的には美しく稔り、最高の豊作。二〇一三年は、農薬一辺倒ではない「技術の多様性」の大切さを実感させられた年であった。

合鴨君が稲に及ぼす六つの効果

このように、稲作の長い歴史のなかで、雑草や害虫は邪魔者と位置づけられている。だから、防除しようと必死になって対策を考えてきた。ところが、水田に合鴨君を放すや、この雑草や害虫が餌になり、血となり、肉となる。そして、糞となって微生物に分解され、稲の養分になる。つまり、邪魔者が資源に転換する。まさに合鴨パワーであり、逆転の発想である。未利用資源と空間の有効利用なのだ。

加えて、合鴨効果はいろいろある。一日中、田んぼの土をかきまわして水を濁らせる。稲の苗を食害するジャンボタニシを喜んで食べる。稲に刺激を与えて茎を太くする。

合鴨君が稲へ及ぼす効果を、私は大きく六つに分けた。①雑草防除効果、②害虫防除効

図1　合鴨君が稲に及ぼす６つの効果

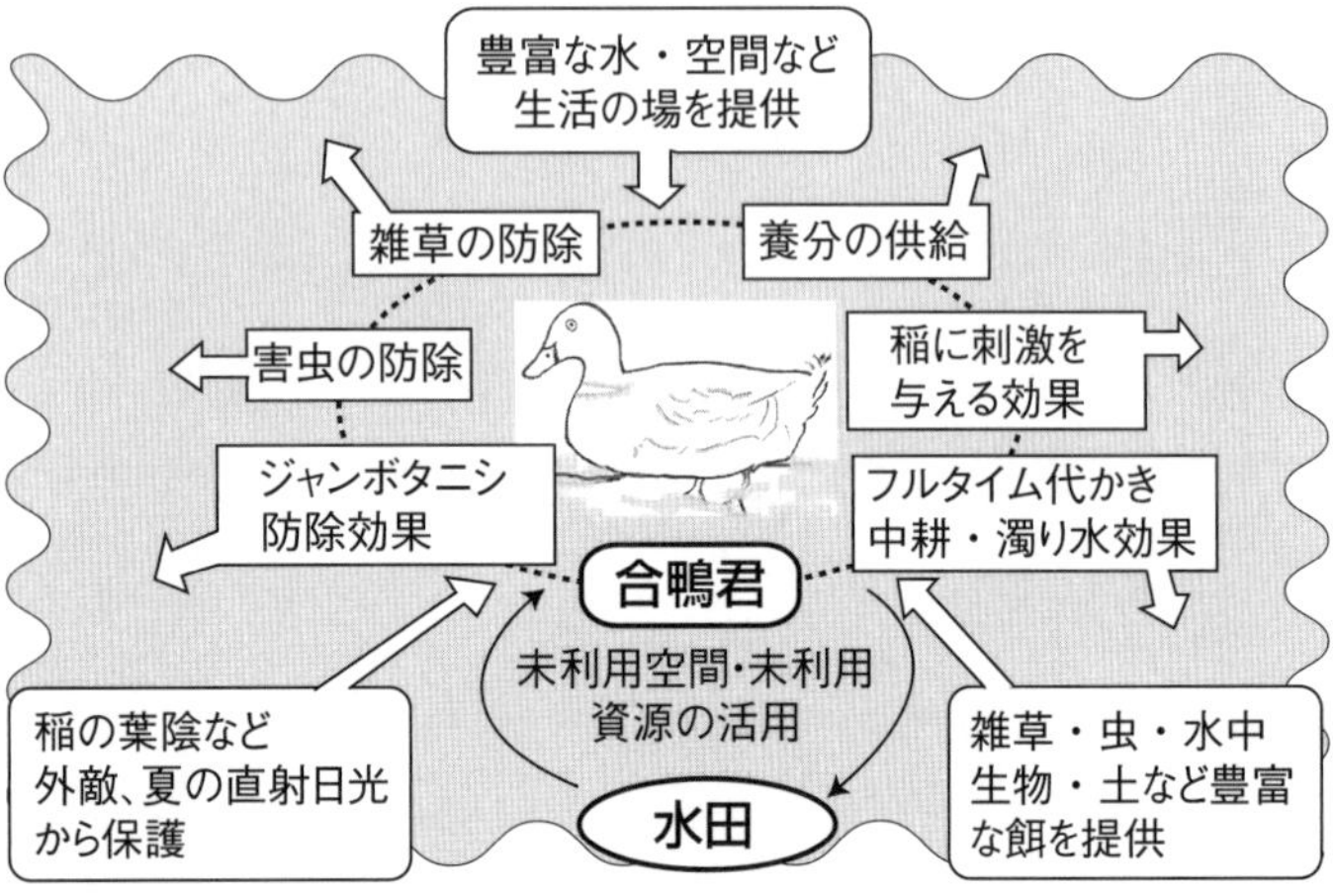

（出典）古野隆雄『無限に拡がるアイガモ水稲同時作』農山漁村文化協会、1997年。

果、③養分供給効果、④フルタイム代かき中耕・濁(にご)り水効果、⑤ジャンボタニシ防除効果、⑥稲に刺激を与える効果である（図１）。

①雑草防除効果

合鴨は、水田に発生するヒエ、コナギ、ウリカワなどの雑草を食べる、かきまわす、踏む、濁らせるという四つの働きで、完璧に近く防除する。まず、雑草や雑草の種を食べる。そして、かきまわしたり踏んで、発芽していない種を沈め、発芽しかかった種は浮かせ、泥の中に雑草を沈め、水を濁らせる。その結果、雑草の光合成と種の発芽が抑制される。

ただし、水が浅いと雑草が発生しやすい。また、合鴨は餌を水といっしょに取り込むので、浅いと食べにくい。そこで、合鴨を放すまでの田植え後一週間はできるだけ深水にする。私の田んぼでは、一三センチ以上の深水にすると、ヒエはほとんど発生しなかった。

②害虫防除効果

合鴨は、イネミズゾウムシ、トビイロウンカ、セジロウンカなどの稲の害虫をチームプレーで上手に食べる。稲の茎や葉や株の中に棲息する虫も首を伸ばして捕らえる。とくに、小さなヒナは虫が好きだ。合鴨を放した後の我が家の田んぼには、ウンカもイネミズゾウムシもほとんどいない。

③養分供給効果

合鴨が食べた雑草や害虫、そして餌のクズ米は、合鴨の血となり肉となり、最後は糞となって微生物で分解され、田んぼの稲の養分となる。雑草や害虫がみごとに資源に変わるのだ。私は、地力のない田んぼのみ堆肥も施しているが、収量は一〇アールあたり平均七〜八俵である。

④フルタイム代かき中耕・濁り水効果

中耕とは、作物の生育の途中で条間を浅く耕すことをいう。空気の通りをよくし、地温を高め、根の呼吸や養分の吸収を促すために行うのである。合鴨がこの役割を担う。合鴨は田んぼの泥水を嘴や水かきで常時(フルタイム)かきまわす。そのため、水は泥色に濁る。昔から「田んぼの水を濁らせておけば、米がよく穫れる」と言われてきた。水が濁ると日光が遮断され、雑草が育ちにくくなるからである。また、水温が上昇し、微生物の働きが活発になる。これらが稲の根を活性化させるのだろう。

そして、田んぼの土はプリンのようにトロトロになる。秋に水を落とすと、土は三層構造になっている。すなわち、表面はトロトロで、その下がやや粒が大きく、さらにその下は粒が粗い。こうした土は水もちがよく、しかも水の縦への浸透がよくなるので、落水後は乾きやすい。

⑤ジャンボタニシ防除効果

アルゼンチンのラプラタ川流域が原産のジャンボタニシが最近、水のコントロールがむずかしいアジア各地の田んぼで大発生し、稲の葉や芽を食べて被害を与えている。とくに、水深が浅く、天敵となる魚などの大きな水中生物のいない田んぼでは、異状繁殖状態である。合鴨はこのジャンボタニシが大好物で、パクリと食べる。それは貴重なタンパク源であり、美味しい鴨肉に変換される。

⑥稲に刺激を与える効果

水田に放された合鴨は、いつも嘴や水かきや体全体で稲に接触し、根や株元や茎を突ついて刺激を与えている。これによって稲の茎数が増え、茎が太くなり、天に向かって扇子を広げたように開張し、ガッチリした秋まさり型の稲になる。

逆に水田が合鴨に与える効果は、①雑草、虫、水中生物など未利用資源を餌として供給、②生活の場の提供、③豊富な水の提供、④稲の葉陰を隠れ場として提供、の四つである（近年は、後で述べるように、これに、アゾラと魚が加わった）。

一つの鳥に万の宝あり

私は合鴨君のこうした多様な効果をどのようにわかりやすく表現すればよいか、あれこれ考えた。そんなとき、『現代農業』の仕事で我が家を来訪されたカメラマンの岩下守さんから、温かいアドバイスをいただいた。

「古野さん。田んぼに対照区をつくりなさい。ぼくが写真を撮るから」

私は早速、合鴨田の中に三メートル×三メートルの網を張り、合鴨君が侵入できない対照区をつくった。そして、農業改良普及員の野相師康（のあいみつやす）先生といっしょに合鴨効果を一つ一つ調査。データ化して、両区を比較した。その結果、合鴨君が活躍

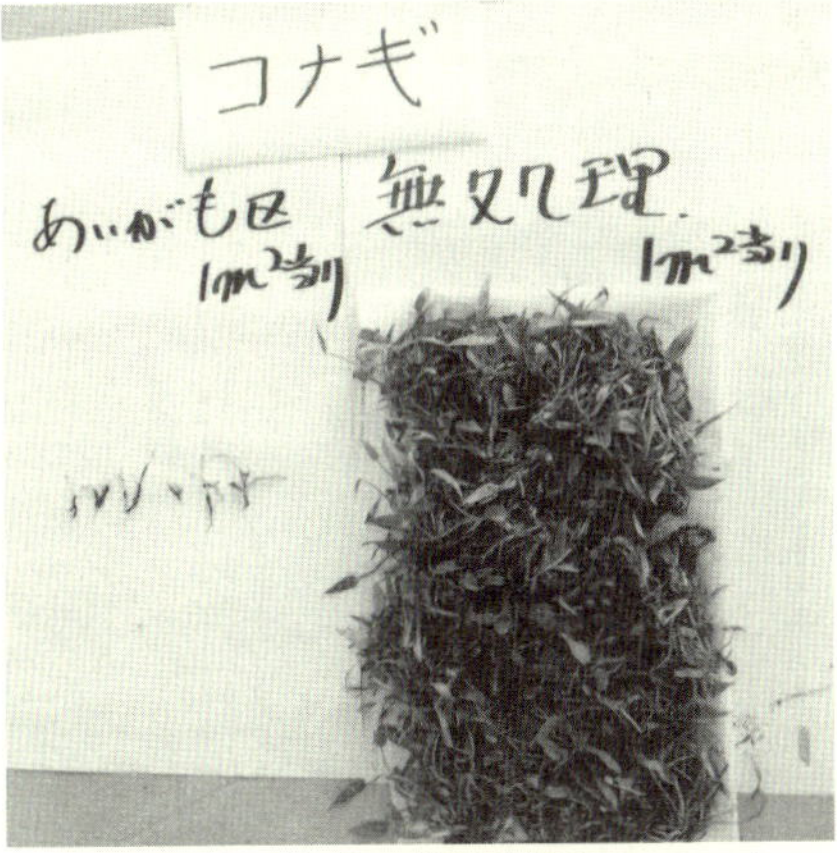

野相先生と合鴨の効果を検証していく

表１　合鴨の除草効果

		ヒエ	コナギ	アゼナ	キカシグサ	カヤツリグサ	ミゾハコベ	アブノベ	ヒメミソハギ	合計
合鴨区	本数	1	1	2	7	3	有	—	—	—
	風乾量	0.1	t	t	0.1	t	t	—	—	0.2
対象区 無除草区	本数	8	102	4	10	4	有	2	4	—
	風乾量	9.8	42.9	0.6	1.5	0.3	2.3	t	t	57.4
対象区 手取り除草区	本数	—	102	4	10	4	有	—	—	—
	風乾量	—	13.4	0.1	0.2	0.1	t	—	—	13.8

(注１)本数は本／㎡、風乾量はｇ／㎡で示した。
(注２) t は 0.05g 未満、—はゼロを示す。
(注３)合鴨区、無除草区、手取り除草区は、同一圃場を網で区切っている。
(出典)図１に同じ。

表２　合鴨の害虫防除効果

試験区		トビイロウンカ（頭／25株）	セジロウンカ（頭／25株）	産卵痕指数
合鴨区		0	6	9.3
合鴨疎植区		0	2	2.7
対象区	無除草区	4	260	100.0
	無除草疎植区	0	98	53.3
	手取り除草区	6	314	98.7
	慣行区	2	12	24.0

(注)　産卵痕指数は以下の方法で算出した。
　産卵痕指数＝(Ⅰ × 1+ Ⅱ × 2+ Ⅲ × 3)／(3 × 25) × 100。
　Ⅰ：産卵痕が全茎の 1/3 に認められる。
　Ⅱ：産卵痕が全茎の 1/3 ～ 2/3 に認められる。
　Ⅲ：産卵痕が全茎の 2/3 以上に認められる。
(注２)調査は 1993 年７月 22 日に行った。
(出典)福岡県農業総合試験場プロジェクトチームの調査。

する合鴨区と、合鴨君のいない対照区の差は、歴然としていたのである（表1・表2）。

合鴨区は、雑草も害虫も合鴨君のおかげでほとんど見当たらない。一方、対照区には、ヒエやコナギやキカシグサなどの雑草が賑やかに生え、セジロウンカやトビイロウンカ、ツマグロヨコバイなどいろいろな害虫がいた。

稲の姿もまったく違う。合鴨区の稲は茎が太く、夏空に向かって開張している。対照区の稲は茎が細く、開張していなかった。土壌構造もまったく異なる。合鴨区の土壌は、表面から、粒子の細かい粘土層、中ぐらいの砂、粒の粗い砂と、きれいな三層構造を形成していた。対照区には、こうした三層構造は見られない。

私がこうした合鴨効果を語ると、たいていの人が「一石二鳥」と評する。だが、私は釈然としなかった。『広辞苑』によれば、一石二鳥とは「一つの行為から同時に二つの利益を得ること」であるが、原意は「一つの石を投げて二羽の鳥を殺すこと」である。合鴨をほめるのに、鳥を殺す言葉を使用するのはいかにもセンスがない。そこで、私は「一鳥万宝」という新しい言葉を創った。「一つの鳥に万の宝あり」という意味だ。

スーパーシステム

たしかに、合鴨君の一鳥万宝の効果は素晴らしい。しかし、本当に素晴らしいのは、雑

豊作の年の我が家の稲（1994 年 10 月）

草防除や害虫防除などの一つ一つの効果というより、田んぼを囲い込んで合鴨君を放せば、周到な栽培管理を人間が一つ一つしなくても、合鴨効果が自然に適期に発揮され、稲と合鴨が自然に育っていく点である。これが、人工的管理に終始する近代化稲作技術と本質的に異なる。

この全体的システムを、私はスーパーシステムと呼んでいる。このスーパーシステムこそ「囲い込み」の最大の効果である。囲い込みのないアジアの伝統的アヒル水田放飼いでは、このスーパーシステムは発揮されない。

対照区の設置で仕事を客観化

岩下さんはその後、『現代農業』の連

載や拙著『合鴨ばんざい』に、写真という命をふき込んでくださった。そして、私は多くの人との出会いのなかで合鴨技術を体系化していく。一鳥万宝の世界が広がっていったのである。

それにしても、岩下さんの助言はありがたかった。対照区の設置によって、農業の面白さが倍増したからである。対照区を見れば、即座に合鴨効果が理解できた。むずかしい勉強はいらない。子どもでも老人でも、日本語がわからないアジアの人たちでも、合鴨区と対照区を比べて見れば合鴨を放す意味がわかった。

農家はふつう、「効果的な技術です」と勧められると、たいてい田んぼや畑全体で試す。そして、「よかった」とか「悪かった」とか言う。これでは、何が効果的だったのか理由がはっきりわからない。天候や土地の条件やその他の要因かもしれない。

農家は比較試験を農業改良普及センターや農協に任せきりである。私は対照区を田んぼの中につくることで、自分の目で客観的に自分の仕事を見る面白さを学んだ。データ化・数量化は、普及員さんといっしょに行った。自分の観察とこのデータをもとに、私は毎年の反省と翌年の課題を決めていった。

4 総合技術としての合鴨水稲同時作

表作でも裏作でもなく同時作

稲と合鴨は、田んぼの中でともに育っていく同級生だ。田んぼで稲作をしているというより、稲作と畜産を同時にしていると考えたほうが事実に即している。稲作の手段として合鴨を田んぼに放しているのではなく、稲作も合鴨も等価の目的と考えたほうがよい。これは、稲作と畜産の創造的統一なのである。

ただし、既成概念でこの多様性の技術を表現するのはむずかしい。田んぼで稲をつくるのは、「表作」という。収穫の終わった田んぼで、次の田植えまでのあいだに玉ネギやジャガイモや小麦をつくるのは、「裏作」という。約三〇〇〇年近くに及ぶ日本の稲作の歴史で、常に表作の稲作が「主」であり、裏作や畑作は「従」として扱われてきた。

それでは、稲と合鴨がともに育つこの技術をどう表現したらいいのだろうか。私は「同時作」という概念を構想した。表作でも裏作でもなく、同時作である。そして、この技術を「合鴨水稲同時作」と命名した。

作物の連作による地力の低下や病害虫の発生を回避するため、同じ耕地で違う種類の作物を一定の順序で組み合わせて「通時的」に栽培する方法を「輪作」と呼ぶ。これは伝統農業の基本原理である。一方、同時作は、限定された空間で、均衡と内的関連を保ちつつ、複数の作物を同時共栄的に育てていく「共時的」生産方法だ。図2に示すように、輪作は通時的システムであり、同時作は共時的システムである。

図2　輪作と同時作の関係

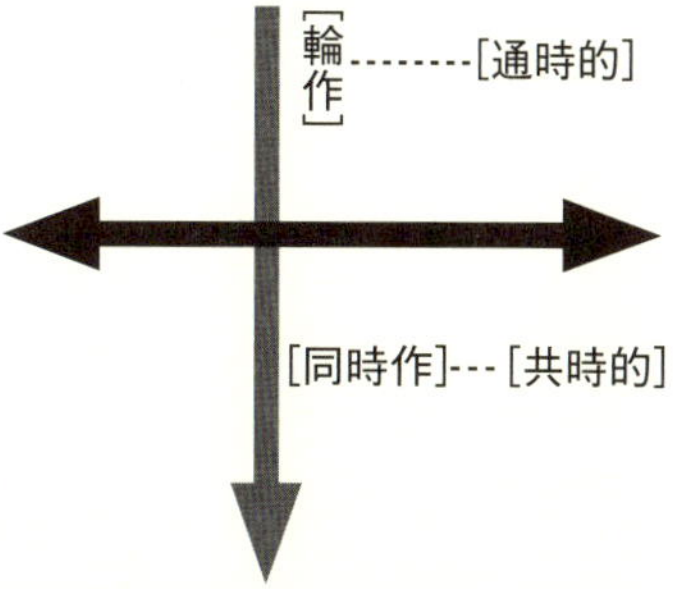

同時作の意義は、輪作と同時作の統一的な把握によって明確になる。時間軸で見ると、輪作は時間の縦の流れにおける作物間の作付順序システムであり、同時作は時間を横にとった同一時間・同一空間における作物と作物あるいは作物と家畜の内的関係システムである。つまり、図2が示すように、同時作は輪作と相補関係にある広い統合的概念と言える。

伝統農業の混作(二種類以上の作物を同じ畑に、同時あるいは一定期間重複して栽培する)や間作(主作物の畝や株の間に副作物を栽培する)は、植物と植物の関係としての同時作、合鴨水稲同時作は植物と動物の関係としての同時作と考えられる。

稲作は毎年、同じ時期に、同じ作物を、同じ土地に連続して栽培する。連作の農業であ

田植えの１～２週間後に畔からヒナを放す

る稲作において、電気柵や網を使った合鴨の「囲い込み」によって同時作が生起した。つまり、連作を出発点にして、伝統畑作農業では輪作を発見し、混作や間作という伝統的同時作を踏まえて、水田稲作農業では囲い込みによって同時作を再発見したのである。

合鴨水稲同時作は、日本の稲作の長い歴史で画期的な技術かも(鴨)しれない。なにしろ、田んぼの中で、ご飯(稲)とおかず(鴨)が同時にできてしまうのだから。

一般的な合鴨水稲同時作の方法

田植え後一～二週間が経ったころ、田んぼを電気柵や網で囲い込み、稲の活着を確認したうえで、約一週齢の合鴨のヒナを放す。目安は一〇アールあたり一五～三〇羽である。

また、気温は二〇℃以上が望ましい。

ヒナを上手に育てられるかどうかが合鴨水稲同時作の成否を左右する。田んぼに放す前の育雛期は、クズ米、米糠、魚粉、カキガラなどを混合した育雛用の餌を与える。あわせて、きれいな水を常時与える。また、本格的に放す前に、野外、田んぼの順で水ならしを行う（くわしくは拙著『合鴨ドリーム』参照）。

田んぼに放飼後は、クズ米と米糠を中心に少量を与える。稲の穂が出たら引き上げて、飼育小屋で育てる。引き上げた後は、クズ米やクズ麦などの穀物を中心に与える。そして、ふつうは一〇～一一月に屠殺解体し、肉にする。

合鴨の肉は、鴨鍋や鴨飯、タタキなどにして食べる。「鴨は一羽で一〇〇人分のダシが取れる」と昔から言われるぐらい、味が濃厚で美味しい。

餌不足をアゾラで解決

合鴨水稲同時作は、完成された「部分技術」ではなく、発展途上の総合技術である。たとえば雑草防除には成功したが、畜産技術としては問題があった。合鴨君の大好物の緑餌（雑草）が田んぼになくなったのである。一九九〇年ごろのことだ。野相先生に微笑みながら言われた。

田んぼ全体の水面を覆うアゾラ（7月中旬）

「古野さん、こんなに雑草がなくなったら、来年は田んぼに雑草の種を播かなくてはいけませんね」

この矛盾を一挙に解決したのが、水性シダ植物のアゾラである。私は鹿児島大学の萬田正治先生（当時。現在は農業）はじめ、数々のありがたい出会いをいただいてきた。一九九三年に、一通の手紙が三重大学の渡辺巌先生（当時）から我が家に届く。

「空気中の窒素を固定する水草のアゾラを、合鴨水稲同時作に組み込んでみませんか」

渡辺先生は、フィリピンの国際稲研究所（ＩＲＲＩ）で長く研究をされてきた、世界的なアゾラの権威である。そこで一九九四年から、アゾラ合鴨水稲同時作の実践的研究に没頭した。アゾラの登場によって、合鴨水稲同時作は一段と循環・永続的になっていく。

アゾラは温帯から熱帯に広く分布し、日本でも一九五〇年代までは排水の悪い田んぼに見られた雑草である。除草剤の普及で姿を消した。生育適温は一五～三〇℃で、条件がよければ三日で二倍に増殖する。計算上は一カ月で約一〇〇〇倍にもなる。一キロのアゾラが一カ月で一トンになるわけだ。一〇アールに二〇羽いる合鴨君がどんなに大食漢でも、とても食べ切れない。

しかも、アゾラの葉の裏側には共生ランソウ(シアノバクテリア)がいて、一日に一ヘクタールで二～五キロの空中窒素を固定するという。固定された窒素を合鴨君が食べてタンパク質を得る。また、その窒素を栄養源として繁殖するイトミミズなどの水生生物が増え、それを合鴨君が食べる。実際、アゾラがない田んぼと比べて、合鴨君は早く太った。最後は糞として出されるから、稲の養分となる。つまり、アゾラが固定した窒素は、大気中→合鴨→稲→人間と連なって循環する(図３)。新しい回路が生まれたわけである。

さらに、アゾラは浮草なので稲と生育空間がやや

図３　アゾラをめぐる窒素循環

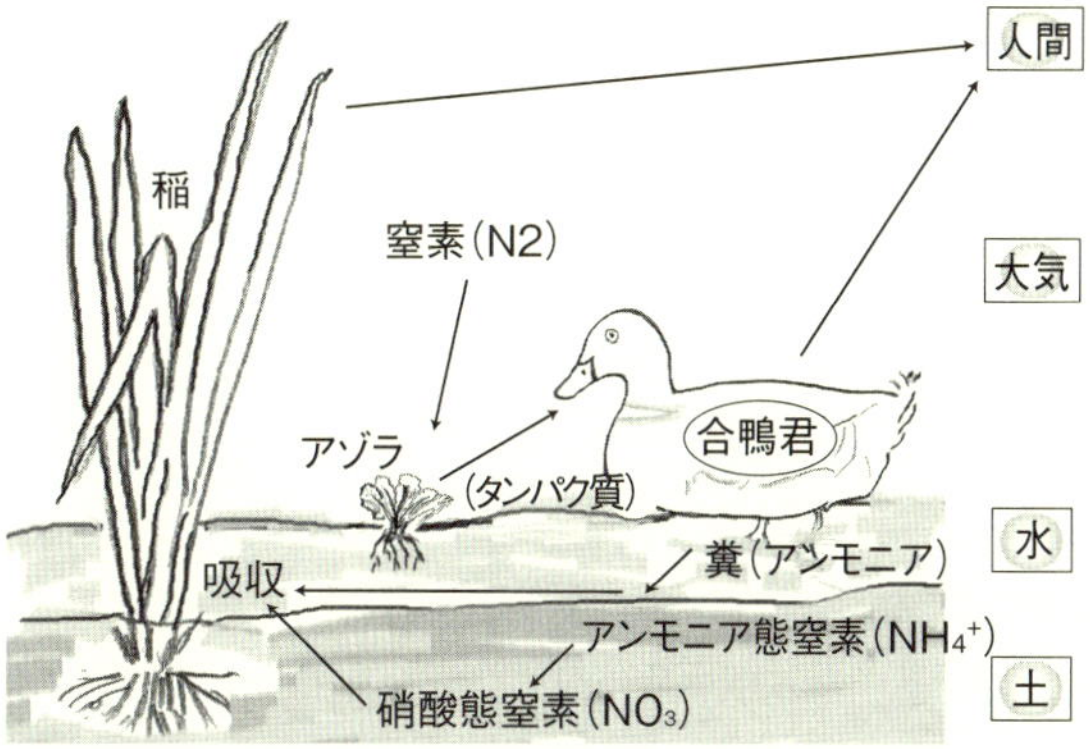

(出典)図１に同じ。

異なる。田んぼの水の上に浮き、田面の水から養分を吸収する。だから、ふつうの雑草と稲のように養分や光の競合を起こさない。アゾラは合鴨君と稲と私のためにあると言っても過言ではない。

ただし、残念ながら近年、ジャンボタニシの出現でアゾラの増殖がむずかしくなった。ジャンボタニシが、すぐにアゾラを食べてしまうからである。

丈夫な苗を育てて田植え後五〜七日目放飼

合鴨水稲同時作は普通栽培の稲でも可能だが、より効果を上げるためには、播種後三〇〜三五日の丈夫な苗を仕立てて、一坪あたり四五株以下の疎植にするほうがよい。そして、田植え後に可能なかぎり早く放す。

普通栽培の苗は一般に、播種後二〇日程度で植える。その状態で合鴨君を放すと、苗が小さいために、合鴨君に踏み倒されてしまう。だから、ふつうは田植え後二週間程度経ってからヒナを放す。ところが、それまでにヒエをはじめとする雑草が大きくなってしまう。早い時期にヒナを放せば雑草を完璧に抑えられるし、稲の成育もよい。疎植との相乗効果で、太い茎が天に向かって開張した健康な姿になる。

合鴨君のいる田んぼは、ふつうの水田環境とかなり異なる。したがって、合鴨水稲同時作にふさわしい稲づくりを考える必要があるだろう。私は一九九三年までは、育苗箱（三〇センチ×六〇センチ）あたり四〇グラムの薄播き（種籾を粗く播く）で、分けつ（枝分かれ）をよくして、成苗を育てて植えていた（一般的な播種量は一八〇グラム程度で、稚苗を植える）。しかし、九四年からは、みのる式のポット苗に転換した。

育苗箱の薄播きでは、根が利用できる空間が小さな箱の中に限定されている。だから、生育期の後半に肥料不足となり、成苗になりにくい。また、専用の田植機がないので、欠株が起きやすい（植えられていないところが出やすい）。

一方、ポット苗は一つ一つのポットが独立し、直接土に根を下ろしている。ポットの底には穴が開いていて、根はその穴から大地に伸びる。そのため、大地の養分を吸収し、太い根が発達して成苗になる。私は一穴二〜三粒播きにし、大きな三五日苗（種播き後三五日目の苗、葉齢は五・三葉）を植えている。この苗なら、田植え後三〜五日目でヒナを放飼できる（田植えと同時にヒナを放す試験も行ってみた）。

現在では、田植え後五〜七日目に放している。田植え後三〜五日目では、いくら丈夫なポット苗でも活着しない場合があるからだ。その場合は小さなヒナを放しても、稲の苗が押し倒されることがある。小さなヒナも群れれば、活着していない苗を押し倒すことがある。だから、最近は安定して活着する田植え後五〜七日目に放すのだ。

ポット苗に転換したのには、実はもう一つ大きな理由がある。それは根の活着力の違いだ。普通栽培の苗は、田植えのときに絡み合った根を田植機の爪で切って植える。一方、ポット苗は、ポットの中の根が巻いた土ごと抜いて植えるので根が傷まないし、切断されない。普通栽培の苗は、三日経っても四日経っても根を伸ばしていない。ところがポット苗は、田植えの翌日には新しい根を伸ばしている。そして、伸びた根が、苗をしっかりと支えるのである。苗の活着がよければ、ヒナを早期に放しても問題は生じない。

合鴨君が耕す鳥耕

一九九四年からは、鳥耕の実践的試験にも精力的に取り組み始めた。鳥耕とは、文化人類学者の国分直一氏によると、田んぼで餌をあさる鳥たちが期せずして中耕の役割を果たし、その糞が肥料にもなることから生まれた言葉だという。私は、稲が植えられている田んぼに合鴨のヒナを放す方式を合鴨水稲同時作、稲の植えられていない田んぼに放す方式を鳥耕と区別している。

私は当初、田植えの三週間後に放していた。だが、実践を続けるうちに、可能なかぎり短期間に放すほうが雑草防除に効果的であることに気づいていく。そこで、放飼時期を田植え後二週間→一週間→五日→三日→〇日と、徐々に短くする試験に取り組んだ。

この早期放飼の考え方をさらに進めたのが鳥耕で、合鴨のヒナを田植え前に放すのである。田植えや直播き前の稲が植えられていない田んぼに水を張り、二～四週間、ヒナを放す。ヒナは、雑草の種や害虫を食べたり、土の中に深く種を埋めたりする。それによって、田植えや直播き後の雑草の発生量を抑え、発生時期を遅らせる。一九九六年に試験したときは、三〇アールの田んぼに生えた草は、ヒエ二本だけだった。鳥耕すると、田植え後しばらくヒナを放さなくても雑草は生えてこない。

また、鳥耕は、ヒエの防除、直播きや不耕起稲作の雑草防除としても、きわめて有効だ。直播（ちょくは）では、稲の種を乾田に播いた後、ふつうは水を入れるまでの約二〇日間、合鴨のヒナを放せない。この間に最強の雑草のヒエが生えると、非常にやっかいである。だが、播種前の乾田状態にヒナを放しておけば雑草の種を食べるので、播種後の雑草の発生はきわめて少ない。

不耕起稲作は文字どおり耕さないから、田植え前の雑草防除が問題となる。ヒエやスズメノテッポウなどは、水を張っただけでは枯れない。ところが、ヒナは草の上を歩いて倒し、濁り水の中に水没させるから、どちらも枯れる。ここでも、鳥耕が威力を発揮する。

鳥耕は、古くからアジアの稲作地帯で広く行われてきた。インドネシアのジャワ島には、稲の収穫が終わった大平野をアヒルに落ち穂を食べさせながら、ジャカルタのような都会へ向かって歩く人びとがいた。彼らを「ソントロヨ」と呼ぶ(一八五ページ参照)。ベトナムにはチェビットヌィドンというアヒル飼いがいたし、中国にもいたという。彼らはアジアの水田地帯の遊牧民だ。

アゾラ・魚・合鴨水稲同時作へ

一九九六年には、アゾラや合鴨の糞を栄養源として増えるイトミミズやミジンコやプランクトンを餌として利用すべく、合鴨田に生後一カ月くらいのドジョウを放流した。アゾラ・魚・合鴨水稲同時作である。これで、田んぼのもつ自然の力だけで、主食(ご飯)とおかずが生産できる。さらに、田んぼの畦にはイチジクを植えているので、デザートも生産できる。「同時作の田んぼの多様な生産力」である。その特徴は、次の三つに整理できる。

①高い経済効果
合鴨も魚も、餌代はほとんどかからない。稲の単作に比べて収入は多い。

②循環永続的システム
人間が外部から持ち込むのは少量のクズ米や米糠だけで、そのほかはすべて食物連鎖によって成り立っている。

③自然の力を活かした労働

人間の集約的な労働力を必要としない。

ドジョウは昔から田んぼを棲みかとしていたし、生命力も強い。体が小さいので、水深が浅くても生活できる。合鴨田は餌が豊富だし、水が濁っているから外敵に発見されにくい。あらかじめ実験したが、水深が一〇センチあれば、合鴨はドジョウを捕まえられなかった。合鴨田は、ドジョウにうってつけなのである。

なお、私の村を流れる川の上流では農薬が使われている。その田んぼの水は川に流れ込み、用水路をとおして我が家の田んぼにも流れ込んでくるが、ドジョウが死んだことはない。自分の田んぼで農薬を使わなければ、周囲からの影響はあまりないと考えていいだろう。

大きなドジョウが我が家の田んぼで獲れた

この結果、私の田んぼはますます賑やかになった。稲作と畜産(合鴨)と水産(ドジョウ、鯉)の場になったのだ。こうして私の田んぼは、稲、稲＋合鴨、稲＋合鴨＋アゾラ、稲＋合鴨＋アゾラ＋魚と、創造的に、循環永続的に、豊かになっていった。

現在の我が家の経営

近年、私の地域でも、高齢化と後継者不足で離農する農家が増えてきた。その結果、我が家の経営規模は徐々に増加している。

二〇一四年の経営規模は、水田七・三ヘクタール（すべて合鴨水稲同時作。うち直播〇・五三ヘクタール）、野菜二ヘクタール（完全無農薬有機農業）、小麦二ヘクタール、自然卵養鶏約三〇〇羽、合鴨肉約一〇〇〇羽、合鴨ヒナ約四〇〇〇羽。そのほか農産加工で、小麦粉、モチ、味噌、漬物を生産している。

稲の品種はヒノヒカリ、ユメツクシ、元気つくし、にこまる。我が家には畑がないので、水田を畑として利用する水田輪作で野菜を作っている。野菜は約六〇種類。レンコン以外は、何でも作っている。自給を旨とする百姓百作の有機農業だ。

おもな販売ルートは、①米、野菜、卵などを近隣の消費者へ直接届ける提携が約一〇〇世帯、②インターネットなどで募集して年間契約を結び、米、野菜、卵などを宅配便で送る消費者が約一四〇世帯である。このほか、長男夫婦は、田川市でマルシェ、飯塚市では毎週土曜日に商店街の一角にファーマーズマーケットを開いている。これを近畿大学の学生さんが経営学の実習として手伝う。

労働力は、私、妻、長男夫婦、二〇一二年に就農した次男、それに研修生が数名だ。長男は二〇一〇年七月に就農し、九月に大分県のネギ農家の長女まゆみさんと結婚した。長男は九州大学農学部大学院で農業経営学を学んだ後、東京のリクルート社に入社。営業の仕事をしていた。二人の結婚で我が家は賑やかになった。次男は京都大学農学部で農業経営学を学んだ後、就農した。

また、私は一九九二年以来、毎年研修生を一年に一人ずつ受け入れてきたが、近年は三～四名に増えた。現在まで合計約四〇名だ。中国、韓国、オーストラリアなど海外の研修生も多い。研修期間は原則として一年。研修条件は、将来有機農業をすることだ。研修目的は二つ。有機農業の技術の修得、小さな家族農業の生活の体験である。研修が終了するまでに、有機農業の全体を把握し、自分で意思決定できるようになることを、私たちは願っている。

気持ちよさそうに泳ぐ合鴨君

5 田んぼに合鴨君が遊ぶ

だれもが魅了される風景

田んぼで泳ぐ合鴨君を見る人はだれも、心が和やかになると言う。初夏の早朝、満々と水を湛えた田んぼを合鴨君が並んで泳いでいく光景を見ていると、時が経つのを忘れてしまう。対象であるはずの合鴨君が、いつのまにか私たちの心のなかに入り込むのだろう。

「合鴨はいいけど、父ちゃんが夢中になって、一日何回も田んぼに通って、なかなか帰ってこんとよ」

そんなうれしさ半分の嘆きを聞くこともある。私自身、一日に少なくとも三回は田んぼを見に行くようになった。

これは、稲と合鴨の組み合わせのなかで起きる現象だ。動物園の池や、湖や川で遊んでいる野性の鴨を見たときに感じるのとは違う何かが、そこにある。

「今年も、合鴨を田んぼに入れてくださいまして、ありがとうございます。私は歳をとって足が悪くなり、乳母車を押して毎日散歩をしています。合鴨が育っていくのを見るのが楽しみです」

ある夏の早朝、私は一人の見知らぬおばあさんに丁重にお礼を言われ、少し驚いた。おそらく、毎日散歩をしている人たちにとって、稲だけをつくっている見慣れた田んぼは、単なる通りすがりの風景にすぎなかっただろう。そこに合鴨君が泳ぐと、散歩の人たちとのあいだに新しい関係性や特別の意味が生じる。

どうやら、合鴨君は人間と田んぼとのあいだに新しい楽しい回路を創り出したようだ。流行の言葉では、それも「農業の多面的機能」と言われる。もちろん、合鴨君はそんな押しつけがましい理屈は言わない。

「パパ、中古の自動販売機を売っているところを見つけたよ。あれを買おうよ。中に合鴨のエサを入れて、一〇〇円で売ろうよ。田んぼの横に置いておけば、みんな買ってエサを合鴨にやるばい。そしたら、ぼくたちのエサやりの手間も省けるし、自転車が買えるばい」

次男・泰治郎が小学生のころ、こんなアイディアを出した。だれでも合鴨に関心があることが、小学生にも容易に推察できたのだろう。もっとも、我が家は観光農業ではないので、このアイディアは実現しなかったけれど……。

子ども、おとな、老人、韓国人、ベトナム人、フィリピン人、中国人、オーストラリア人、キューバ人、フランス人……。老若男女や国籍に関係なく、合鴨が田んぼを泳ぐ風景は人びとを魅了する。いったい、なぜだろうか。

合鴨ワンダーランドと既視感

基盤整備の終わった田んぼは整然としている。私の村の周囲では、同じ大きさの田んぼ（たとえば縦一〇〇メートル×横三〇メートル）がどこまでも続く。変化があるとすれば、点在するイチゴやトマトのビニールハウスぐらいだ。

そんなモノカルチャー的な単調で退屈な風景のなかに突如、合鴨ワンダーランドが出現。賑やかに合鴨君が泳いでいる。風向きによっては、鳴き声がけっこう遠くまで伝わる。とくに、梅雨の晴れ間の合鴨君はうれしそうだ。久し振りの太陽の光に向かって羽ばたきをする。その向こうに虹がかかっている。これは、田園風景と不思議に調和する異質、空間だ。

振り返ってみると、基盤整備前の田園風景は多様性に富んでいた。田んぼの形も、三角、四角、バナナ形といろいろで、高低差もあった。ときには、柿やクチナシが植えられ、秋のお彼岸のころには彼岸花で畦全体が赤くなる。水路の両側には柳が生え、池もたくさんあった。田んぼにも水路や池にも、魚が湧くようにいた。

ひょっとしたら合鴨ワンダーランドは、私たちが農業近代化のなかで失ってしまった多様性の面白さに回帰していく第一歩かもしれない。

作家の白石一郎さんが既視感(デジャブ)について、朝日新聞におおむね以下のように書いておられた。既視感とは、実際には一度も経験していないのに、いつかどこかで経験したかのように感じられる現象をいう。

「アジアを旅する多くの日本人が、懐かしさのあまり茫然と立ち尽くすような光景に出会う。それは人びとの行き交う街角や田舎でも起こる。不思議なことに、その光景を実際に体験したことのない若者たちにも、それは起こっている。このいつか見たような懐かしい体験を既視感という。逆に、日本を訪れるアジアの人たちが既視感をもつことはほとんどないという。これは問題ではあるまいか」

私もベトナムのメコンデルタで、泥だらけになりながら池の水をバケツで汲み出して魚獲りをしている少年たちを見たとき、懐かしさに涙が出そうになった。韓国の田舎町の円形のバスセンターでバスを待っている老婆を見たときも、なぜかどうしようもなく懐かしくなり、我ながらとまどうほどだった。

香港の博物館で、粘土板に描かれた古代の田んぼを見たことがある。その田んぼには、人間と稲と魚と鳥が描かれていた。鳥はアヒルか鴨だ。たぶんアジアの水田地帯では、大昔からアヒルや鴨と共生するように稲作を続けてきたのだろう。アヒルや鴨は、私たちにとって身近な存在だったはずだ。

私たち日本人は、田んぼに泳ぐ合鴨君を見たとき、二〇〇〇年あまり連綿と稲作を続けてきた稲作農耕民族の無意識のなかに沈潜していた多様な記憶が浮上してくるのである。つまり、合鴨君が田んぼで泳ぐ風景に私たちが心ひかれるのは、その発見の新しさにあるのではない。もともと心の奥底に潜んでいた既視感にあると、私には思えてならない。

合鴨君の意見

〈燦々と輝く陽の光、稲田を渡っていく心地よい風、入道雲が背伸びする大空、快適な雨、虹、美味しい虫たち、健康によい草、稲の葉の日陰。そしてなによりうれしいのは、満々たる水の中を友達と泳ぎまわる自由。ぼくたちは、自然の恵みを満喫しています。

合鴨水稲同時作は、家畜という限界があるにしても、天与の鳥権の復活です。その昔、ぼくたちは沼や湖や川で、野性の鴨として自由に暮らしていました。こうして田んぼを縦横無尽に泳ぎまわっていると、なんだか記憶の水底に眠っていた野性の血が燃えてくるみたいです。

ぼくたちは遠い昔から、「広い田んぼに放してみてください」と人間に訴えてきたのです。日本では長いあいだ、ぼくたちのこの言葉を理解してもらえませんでした。いま、ようやく念願が成就されました。

ぼくたちが田んぼで遊んでいると、言葉をかけてくれる人たちがいます。ありがたいことです。本当は、ぼくたちと人間は交信できます。心と心が通じるのです。なぜなら、ぼくたちも人間も同じ生きものであり、自然の子であるからです。長い長い生命の歴史のなかで、たまたま違った道に分かれていったにすぎません。人間にも、ぼくたちにも、同じ血――連綿と続く生命の血――が流れています。その血の記憶があります。だから、人間とぼくたちは交信できるのです。いままでその機会に恵まれなかっただけです。

水田にいるぼくたちに声をかけてください。ぼくたちは、虫を食べたり、草を食べたり、糞をしたり、泥水をかきまわしたり、いろいろなことに才能を発揮します。お任せください。

稲君とぼくたちはすでに交信を始め、稲君はぼくたちにその喜びを伝えています。

「化学肥料を食わんでいいから、うれしいよ。あれは食べもんじゃないよ。味も何もない。苦いだけさ」

「農薬や除草剤という毒をかぶらないですむから、よかったよ」

「合鴨君、力を合わせて頑張ろうではありませんか」

人間とぼくたちと稲君がこうして手を結んだ以上、合鴨水稲同時作の流れはもうだれも止めることができない滔々(とうとう)たる大河となるでしょう〉

これは、一九九二年一月に行われた第二回全国合鴨フォーラム鹿児島大会での私の発表要旨だ。結局、私たちは合鴨君が田んぼで泳ぐ風景を見て、自分たちもまた天地自然のもとで生かされている存在であるという事実に気づかされ、無意識のうちに心がおちつくのだろう。

合鴨に　声を掛けたい　夏の朝

第４章

発想が勝負

直播によって省力化を実現した

1 面白技術の仕組みと考え方と現状

面白さが農業を再構築する

「合鴨が水田で遊ぶ風景を眺めていると、心が和やかになる」と、だれもが言う。稲とともに、のびのびと育つ合鴨君をとおして、私たち人間も実は天地自然のなかで生かされているのだという根源的事実に、自然と気づかされるからだろう。これは、アジアの稲作農耕民特有の感覚かもしれない。

もっとも、欧米人も合鴨君がのんびり泳ぐ風景には心を奪われるようである。イタリア人も、フランス人も、キューバ人も、アメリカ人も、オーストラリア人も、合鴨君に非常に関心を示したからだ。二〇一〇年に、私と合鴨君が登場するフランスのジャン＝ポール・ジョー監督の映画『セヴァンの地球のなおし方』（一六七ページ参照）の試写会でフランスのパリへ行った。ユネスコ本部で開かれた試写会には一二〇〇人のフランス人が訪れ、田んぼで泳ぐ合鴨君にとても心を奪われていた。テレビで合鴨の風景が何度も放映され、合鴨君はフランスでも人気者になっていたのだ。

私は合鴨君から、農業(仕事)の面白さを教えられた。合鴨水稲同時作には、化学肥料や農薬・除草剤などの外部資材に依存したいわゆる近代化稲作とは大きく違った技術的特徴と面白さがある。世界の農民の八〇％は、我が家のような小さな家族農業を営んでいる。ところが、世界規模の市場経済化とグローバリゼーションのもとで、農産物価格は低落し続け、いま小さな農業が各国で潰されつつある。

では、小さな農業を続けていくにはどうすればよいのだろうか。そのカギは、技術的合理性、単一栽培による経済合理性の追求だけではなく、多様な農業による仕事それ自体の面白さの追求にあると私は思う。合鴨水稲同時作は、一度始めると、面白くて、いつのまにかそれ自体が目的になる。金銭を得る手段としてだけでなく、農業することそれ自体が楽しい目的になってしまうのだ。主体的・創造的に、面白さの方向に技術を組み立てられる。その面白さが農業を再構築する。

「面白い」の原義は、目の前が明るくなる感じ。合鴨君にピッタリの言葉だ。では、合鴨水稲同時作は、なぜ、こんなに「面白い」のだろうか。

それは第一に、技術の構造にある。雑草・害虫・ジャンボタニシの防除、養分の供給、濁り水、稲に刺激を与える効果を、同時に合鴨君一人で、均一に、継続的に、適期に、相乗的に行う特異な技術「構造」、スーパーシステム性にある(七七・七八ページ参照)。

第二に、技術の創造にある。日本の農業では、稲作がもっともよく研究されている。だから一般の稲作では、現場で農家が独創性を発揮できる領域は意外に狭い。もちろん、その気になれば、発見や独創は不可能ではないだろう。しかし、あまりに便利にマニュアル化されているので、創意工夫の必要性を感じないのかもしれない。これに対して、稲作と畜産と水産の創造的統一である合鴨水稲同時作では、マニュアル化できない未踏の領域が広く、自分の頭と身体を使って、技術を創意工夫する必要がある。というより、創意工夫できる。その過程が面白い。

第三に、普遍性にある。合鴨水稲同時作の構成要素である「同時作」という概念は、伝統農業の基本原理である「輪作」と相補関係にある普遍的概念だ。この普遍性(すべてのものに通じる性質)の雄大さが面白い。つまり、独自性があると同時に、普遍性をもつから面白いのである。

経済のグローバリゼーションのなかで、農業を取り巻く状況はますます厳しくなっている。だが、仕事が面白く、仕事自体が楽しい目的になっていれば、決して農業は潰れない。続けるための創意工夫ができるからである。一方、金銭だけが目的の農業は価格競争のなかで消えていくだろう。

雑草や害虫も稲のためにある――発想が勝負

自然界に無意味なものは一つもない。地球生態系のなかで、あらゆるものがそれぞれに与えられた役割を生き生きと生き、死んでいく。田んぼの雑草や害虫もまったく同じだ。ところが、近代化稲作は人間と水稲との関係性に力点をおきすぎ、人間の都合のみで「雑草」や「害虫」と名付け、勝手に悪者、邪魔者と決めつけている。そして、除草剤や農薬で皆殺し（防除）を続けてきた。

これに対して、合鴨君を田んぼに放飼すると事態は一変。一瞬にしてこの固定観念は打ち壊される。悪者であったはずの害虫や雑草が大切な合鴨の餌となり、血となり、肉となり、そして稲の養分となり、最後は米になる。「ご飯」と「おかず」になってしまうのだ。短所が長所に、弱点が強みに変わるのだから、これほど素晴らしいことはない。

実は、合鴨水稲同時作にはちょっとだけ矛盾がある。合鴨君を放して四週間もすると、合鴨効果で田んぼの雑草や害虫が目に見えて少なくなる。つまり、天然に供給される餌が減るのだ。この矛盾をみごとに解決したのがアゾラである（八三～八六ページ参照）。

すでに述べたように、水性の「雑草」アゾラを「飼料作物」として稲の間で栽培し、合鴨君の餌とした。雑草を田んぼに積極的に導入したのである。しかも、田面にアゾラの大

アジアの伝統的なアヒル水田放飼風景（中国・安徽(アンホイ)省）

陸ができるためにアリやガなど一般の田んぼにはいない虫が飛んできて、合鴨君のタンパク源ともなる。

温故知新――伝統農法の再生

アジアの水田地帯を訪ねると、田んぼにアヒルが遊ぶ光景を目にすることがある。アジアでは昔から、地域の田んぼを「共同放飼地」としてアヒルを放してきた（第6章参照）。伝統的アヒル水田放飼農法であり、アジアでは一般的な飼い方である。また、ヤギ、水牛、豚、鶏などの家畜を日常的に耕地や草地や川や池に放していた。ベトナムの山岳地帯（たとえば北西部のホアビン省）に行くと、いまでも畑や苗代の周囲を竹柵で囲っている。放し飼いした家畜の作物に対する食害を避けるためである。

一説によれば、中国人が野生の真鴨を改良してアヒルとして飼い始めたのは約三〇〇〇年前と言われている。以来、アジア各国で伝統的アヒル水田放飼農法が行われてきたのであろう。

さらに、アジアの稲作農民は、アヒルの雑草や害虫の防除効果もある程度認識していた。中国の広州（コワンチョウ）市にある中山大学の昆虫学者・蒲蟄龍教授は、以下のように記している。

「養鴨（アヒル）除草と中耕は、もともと広東省の珠江デルタおよび周辺地域における稲作害虫防除の重要対策である。中国の労働人民が生産実践から創造し、すでに五〇〇～七〇〇年の歴史をもっている」（張宗炳・曹驥主編『害虫防治　策略与方法』科学技術出版）。

では、合鴨水稲同時作とアジアの伝統的アヒル水田放飼農法は、どこが違うのだろうか。両者の技術の根本的な相違点は、「囲い込み」の有無にある。合鴨水稲同時作は限定された空間を「囲い込み」、合鴨と稲を同時に育てる。それによって、合鴨が稲に及ぼす六つの効果（七一～七四ページ参照）は格段にレベルアップし、適期性・均一性・継続性においても格段に優れた質になったのである。

言い換えれば、どちらかというと伝統的畜産技術のアヒル水田放飼農法は、「囲い込み」によって、本格的な稲作・畜産技術に統合・発展したのである。一九六〇年代以降に中断していた伝統的アヒル水田放飼農法が合鴨水稲同時作に進化・発展し、現代に再生した。

図４　合鴨水稲同時作と近代化稲作との比較

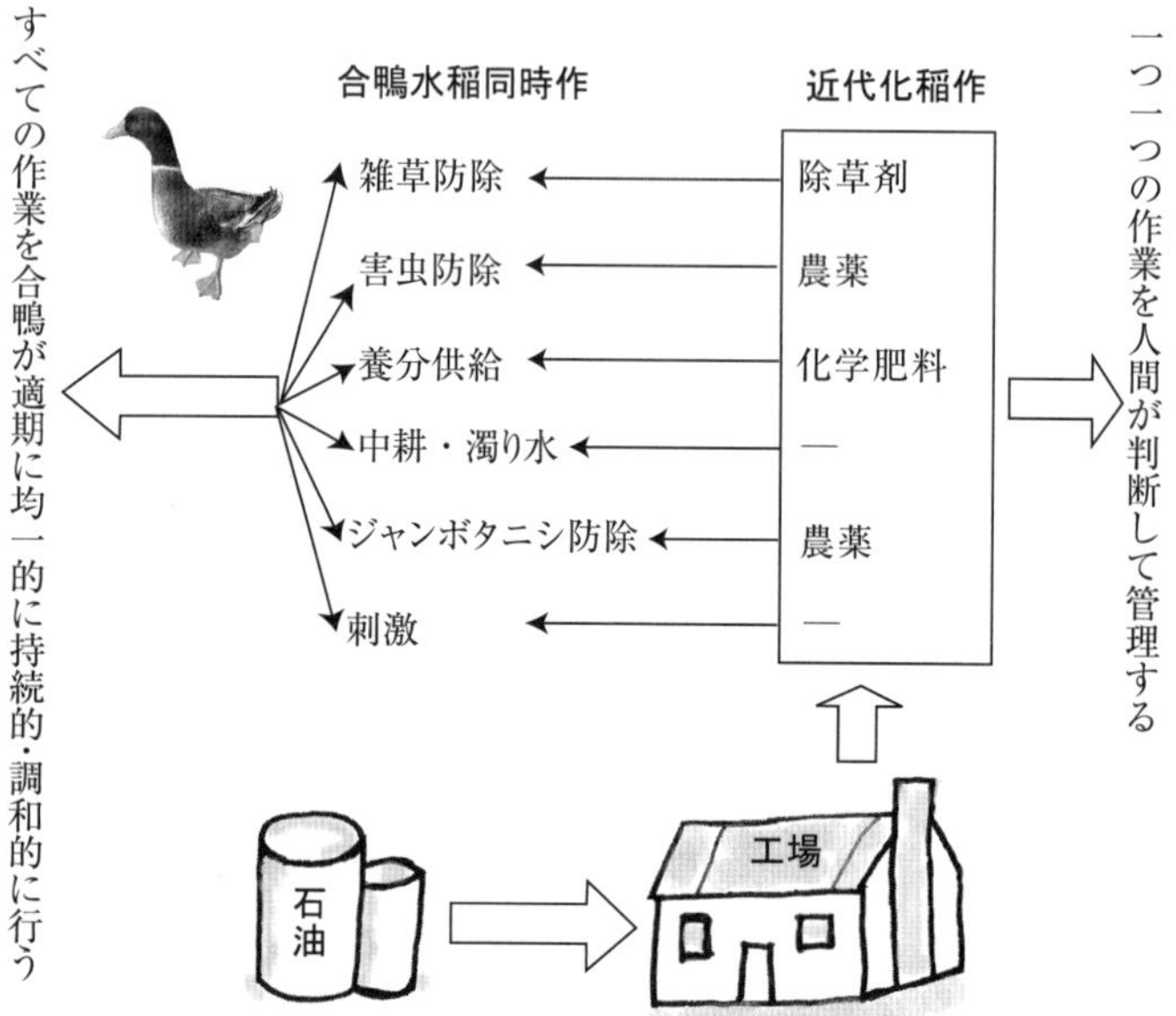

（出典）古野隆雄「アジアの伝統的アヒル水田放飼農法と合鴨水稲同時作に関する農法論的比較研究—囲い込みの意義に焦点を当てて—」九州大学博士論文、2007年。

これは、まさに温故知新。アジアの伝統農業の再生である。

合鴨水稲同時作は、まったく新しい技術ではない。伝統的技術の再発見であり、再構築だ。それは、近代化技術と対比してみると明確になる。

近代化稲作は図４でわかるとおり、雑草には除草剤、害虫や病気には農薬、養分供給には化学肥料というように、一つの問題に対して一つの方法で対処する。バラバラの対症療法の組み合わせ（分断技術）が、近代化技術だ。そして、除草剤も農薬も化学肥料も、石油を原料とした工業製品である。一方、合鴨は、一人(いや一鳥)でこれらすべてに対応している。まさに「一鳥万宝」の統合技術である。

なお、図4では、近代化稲作の中耕・濁り水と刺激が空欄になっている。これは、両者が一般的な近代化稲作にない技術だからである。ただし、植物ホルモンの研究者である太田保夫によれば、接触と刺激によって健康な苗が育成されるという。

「東北地方や長野県では、毎朝竹箒や竹竿で、稲の葉先に絡んでいる朝露を払うように撫でる慣行農法が伝承されている。稲苗は物理的刺激を受けてエチレンを生成し、健全なズングリ苗になる」(太田保夫『植物ホルモンを生かす——生長調節剤の使い方』農山漁村文化協会、一九八七年)。

合鴨水稲同時作は、この直接刺激を育苗段階にとどまらず活用する。近代化稲作技術で、機械を使ってこれを行うのはむずかしい。

楽しく行動する合鴨は楽役畜

通常の農業では、どんなに便利な農薬や除草剤や化学肥料であっても、外部から投入して、人間が自分で散布しなければならない。仮に機械で散布したとしても、運転は人間がしなければならない。

一方、合鴨水稲同時作では、除草、除虫、養分供給などすべての作業を、田んぼの合鴨君が均一に、適期に、継続的にしてくれる。人間の周到なコントロールや栽培管理や過剰な労働力の投入は一切、不要だ。そして、稲も合鴨君も自由に育つ。私はこれをスーパーシステムと呼んだ。それは、囲い込みの最大の効果である。

合鴨は「働く家畜」「役畜」と呼ばれる。しかし、重い荷車を引く馬や炎天下の田んぼを耕起する牛などの、ふつうの「役畜」とはまったく違う。牛や馬は苦労して働いている。それに比べて合鴨は、自主的に食事し、遊び、糞をし、寝る。その結果、自然に育ち、稲も育つ。合鴨は決して働いているわけではない。自由に、楽しく行動しているのだ。強いて言えば、合鴨は楽役畜である。

広い田んぼの中で自由に餌を食べて遊ぶ合鴨と、ウィンドレス鶏舎のブロイラーとを比べてみてほしい。私は合鴨水稲同時作を「解放の畜産」と呼んでいる。合鴨は、役畜であり、肉や卵を生産する用畜であり、糞畜である。合鴨水稲同時作は、家畜のもつ全能力を全面的に引き出し、展開させる技術であり、面白くて楽しいアジアの畜産なのだ。

アジアの共通技術

私は一九九二年以降、中国、台湾、韓国、インドネシア、ベトナム、マレーシア、カンボジア、タイ、フィリピン、インド、バングラデシュと、アジア各国の農村を旅する機会に恵まれてきた（第6章参照）。

アジアの農村で見る光景は、どこもほぼ同じだった。狭い耕地を、裸足の農民が水牛や牛に犂を引かせて耕している。田植えは手植え。草取りは手取り。収穫も手作業。日本と違って、多くの人びとが田んぼで賑やかに働いている。こうした伝統的農業に、化学肥料や農薬が少しずつ使われ始めた。これが急速に市場経済化の影響を受け出したアジアの農村の一般的な姿である。そんなモンスーンアジアの稲作地帯で、合鴨（アヒル）水稲同時作が近年、中国、韓国、ベトナム、フィリピンを中心に静かに広がり出している。

日本や韓国などでは、おもに環境的配慮から、農薬・除草剤や化学肥料という一見便利な近代的技術をわざわざ捨てて、合鴨水稲同時作に取り組んだ。だが、アジアの多くの国ぐには農業近代化のごく初期段階にある。農薬や化学肥料の値段は、米の値段に比べて高い。農民たちは私がかつてしたように、地面に這いつくばって除草をしている。だから、比較的容易に合鴨（アヒル）水稲同時作が選択できる。経済的に貧しいアジアの発展途上国でこそ、より切実に合鴨（アヒル）水稲同時作は求められているのではないだろうか。

繰り返しになるが、日本の農業（稲作）は、農薬・除草剤や化学肥料や機械という外部資材に全面的に依存した、高投入型の近代化農業だ。世界人口が一〇〇億人を突破し、世界的な食糧危機が確実に到来する二一世紀に、資源小国の日本はこうした高投入型農業の継続を許されるだろうか。同時に、すべてのアジアの農業が現在の日本農業のように近代化することも、資源・エネルギー・環境問題からみて困難である。近代化農業技術は、先進国のみが行っているから可能なのだ。

では、どうすればいいのか。選択肢は一つしかない。それは、先進国の日本にとってもよく、発展途上国のアジアにとってもよい、「もう一つの農業の近代化」である。合鴨（アヒル）水稲同時作はその答えの一例であり、それはアジアの共通技術なのだ（これについては第6章でくわしく述べる）。アジアの共通技術は、二一世紀の農業のキーワードである、「近代化を超える技術」でなければならない。

農民参加型の技術

合鴨水稲同時作の技術構造が面白いのは、農民の手で創りあげたからでもある。
近代化技術は企業や大学や農業試験場でつくられ、農業改良普及所（現在の農業改良普及センター）や農協や企業をとおして農民に普及され、受け入れられてきた。それは一見便利だが、すべて農民の外部でつくられる、外部資材任せの技術だ。農民が技術の創造に関与できない、受動的で管理されたマニュアル化技術である。

一方、合鴨水稲同時作は、合鴨と稲という農の内部にもともとあるものを創造的に結合して、地域の自然条件・経済条件・社会条件に合わせて農民自身が創りあげていく、農民参加型技術である。

アジアの農民たちも、創意工夫して頑張っている。一九九七年一月に訪れたベトナム南部のメコンデルタに位置するベンチェ省やドンタップ省の農民は、私が一九九三年につくった『アイガモ水稲同時作の実際』（全二巻、農山漁村文化協会）のビデオを見て、合鴨水稲同時作を始めていた。田んぼに種を直接播き、七日後に合鴨を放したという。彼らは言った。

「古野さんの話はよくわかった。要は田んぼを竹柵で囲んで、昔からいるアヒルを放せば、合鴨水稲同時作になるのだな」

そして、農家が合鴨クラブを結成して、ごく自然に直播きや不耕起と合鴨水稲同時作を結びつけた。彼らは、自分たちのまわりに昔からいるアヒルを使って、近代化技術以上の収量と二倍近い収益を得ていた。

「百姓の技術」という点が、アジアの農民が合鴨（アヒル）水稲同時作に心を奪われている理由である。それは与えられたマニュアルではなく、アジアの多様な条件に応じた、自分たちの創意工夫を活かした技術である。

2 発想の転換

ひときわ高い循環永続性——無肥料・無農薬で米ができるか

オーソドックスな有機農業の野菜づくりでは、可能なかぎり単作はしない。すでに説明した田畑輪換や輪作、そして混植によって多様な種類を栽培し、雑草や害虫や病気の発生を極力回避してきた。光や養分が互いに競合しない作物をいっしょに植えるのが混植である。たとえば私は、ナスの両側にインゲンを、トマトの根元にツルムラサキを植える。

それに比べて、省力化して短期的生産力ばかりを重視する近代化稲作では、そして有機稲作でも、同一品種（たとえばコシヒカリ）の稲ばかり連作されている。そう、近代化稲作も一般の有機稲作も、一年周期のモノカルチャーなのである。

このモノカルチャー稲作の田んぼに、柵で囲い込んで合鴨君を放す。それ自体が生態系を多様化させる。さらに、稲作、畜産（合鴨）、アゾラ、水産（ドジョウ）と水田の多様な生産力を全面展開する。パーマカルチャーの提唱者ビル・モリソンは、これをフードジャングルと称した。

そして、多様化の結果として雑草や害虫の発生が抑制される。田んぼの中に稲と合鴨と水田生物が共存する新しい多様な生態系を創造するのが、私のめざす合鴨水稲同時作である。アゾラを組み込んだ結果、多様化はさらに進んだ。創造的に多様化し、生産力は落とさない。むしろ、六つの合鴨効果で増収も可能になる。また、アゾラを食べた合鴨君の糞には窒素分が豊富に含まれている。つまり、窒素分を稲に吸収されやすい形に変換しているわけで、これも増収につながる。

近代化稲作の発展過程は結局のところ、人間労働を海外からの化石エネルギーの大量投入に置き代えて省力化し、外部からの投入をかぎりなく肥大化してきた過程といえるだろう。いわゆる有機稲作においては、たしかに工業製品の化学肥料や農薬は使用しないから、直接的な環境汚染の度合は少ない。しかし、家畜の餌のトウモロコシや大豆は多くの場合、海外に深く依存している。堆肥や有機質肥料を自給できてはいない。大半の有機稲作はアメリカ（海外）の地力の上に成り立っていると言っても間違いではない。

一方、合鴨水稲同時作の田んぼへ外部から投入されるものは、原則として、合鴨の餌となる少量のクズ米にすぎない。合鴨が食べた草や虫が糞をとおして養分となり、稲が育つ。近代化稲作だけでなく一般の有機稲作と比較しても、合鴨水稲同時作は際立って循環永続的なのがよくわかる。アゾラ合鴨水稲同時作は、さらに創造的・循環永続的だ。空中窒素を固定したアゾラをタンパク源として合鴨が食べ、糞をする。その糞に含まれる窒素が稲の養分となる。実際、二〇一四年の私の合鴨水稲同時作は堆肥も有機肥料もほとんど散布していないが、稲は豪快に育っている。

もちろん、この四つの循環はあくまでモデルであり、実際にはさまざまな変型がある。たとえば、合鴨田に堆肥を入れている人は少なくない。

水田の多様な生産力――水田は稲だけをつくるところではない

稲作の長い歴史のなかで、私たちは「水田は稲を穫るだけの場所」という考えに呪縛されすぎてきたのではないだろうか。いわゆる農業（稲作）の近代化も、この呪縛にもとづいて進められてきた。それに対して、私が提唱している合鴨水稲同時作は、細分化を続けてきた近代的農業技術の進展方向とは明らかに逆を向いた技術である。合鴨君のおかげで、私は水田の多様な生産力が見えてきた。

アジアの水田は本来、稲といっしょに魚やエビも生産していた。人びとは日々の食料として、それを獲って食べた。水田は本来、多様な生産力をもっている。問題は、人間がそれに気づき、囲い込みによってたいていの水田にいる生きものたちの内的関係を統合的に発展させ、技術として組み立てていくかどうかである。

よく実った稲穂の前でイチジクを食べる妻

アゾラ・魚・合鴨水稲同時作では、それを積極的に位置づけた。それは、水田にアゾラと魚と合鴨と稲と雑草と昆虫からなる新しい生態系をつくり、稲作と畜産(合鴨)と水産を循環永続同時複合的に行う技術である。

欧米では、アジアの経済発展による食生活の変化、とくに肉食の増加が世界的な穀物危機をもたらすと予測されている。だが、発想を変えて同時作の原理による水田の多様な生産力に着目すれば、必ずしもそうとは言えないだろう。

黄金色に稲穂が色づく秋、我が家の田んぼでは、無農薬の米と合鴨肉とドジョウと、畦に植えたイチジクが穫れる(九〇ページ参照)。その米を使って、合鴨自然酒「一鳥万宝」が近くの酒造会社で仕込まれる。一枚の合鴨田で、主食とおかずと酒と肴と果物が同時に生産されてしまうのである。

晩秋、鴨の燻製とドジョウの唐揚を肴に「一鳥万宝」を飲み、静かに月を眺めるとき、私はかぎりなく豊かな気持ちになる。水田の多様な生産力は、仕事も生活も、そして心も豊かにしてくれる。

囲い込みの農法的意味——容器的労働手段の活用

つぎに、合鴨水稲同時作を、一七世紀後半に確立されたヨーロッパの農業革命と比較してみよう。ヨーロッパの農業は、三圃式農法→穀草式農法→輪栽式農法と発展していったと言われている。

中世に行われた三圃式農法では、村落全体の耕地を夏作畑、冬作畑、休閑地の三つに分け、作付けと休閑を繰り返して、地力を回復させた。穀草式農法では、耕地に牧草栽培が組み入れられる。家畜は、春から秋の日中は共同放牧地、刈り取り跡地、休閑地、牧草地に共同放牧され、夜間と冬は小屋で飼育された。冬には飼料不足となるため、多くの家畜が秋に屠殺されたという。したがって、耕地に還元される厩肥(家畜糞尿)の量には限界があった。

農業革命では、分散していた耕地を集めて生け垣などで囲い込んだ。そして、土地の共

図5　合鴨水稲同時作とヨーロッパの農業革命

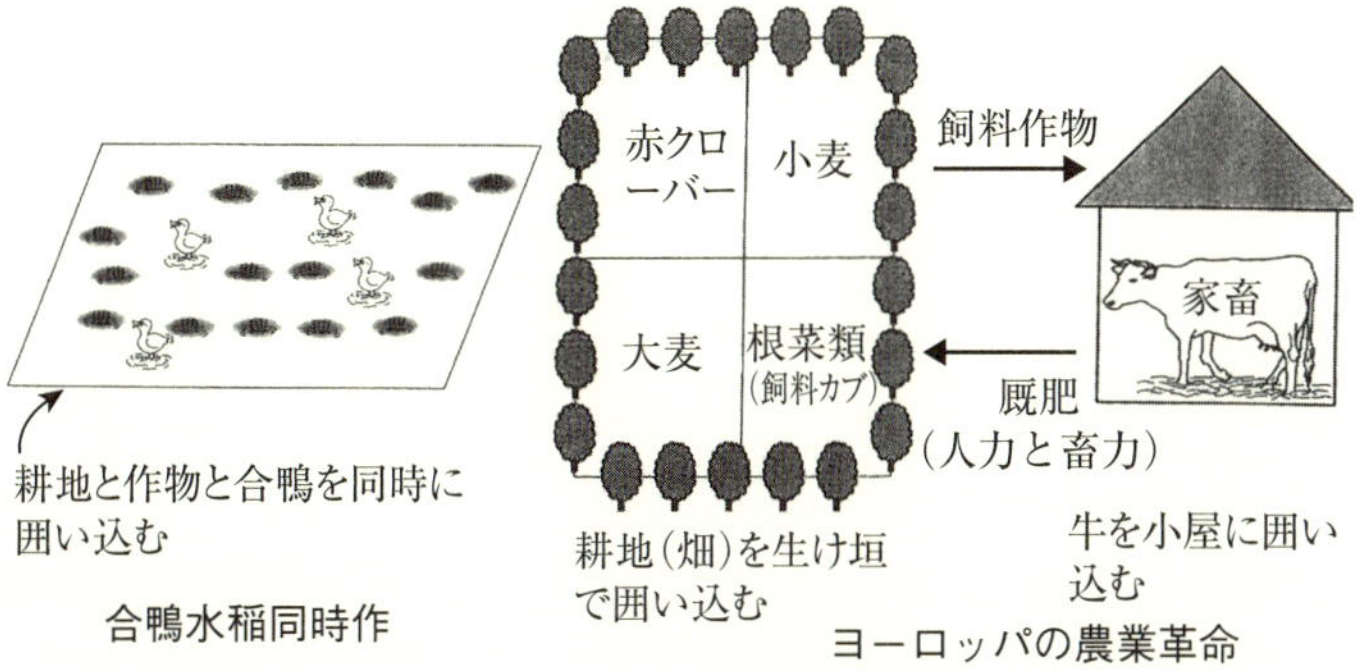

（出典）古野隆雄『合鴨ドリーム――小力合鴨水稲同時作』（農山漁村文化協会、2011年）

同所有制を廃止し、私有地であることを明示して、集約的に耕地を利用した。要するに、私的利益の追求である。作付けは、小麦→根菜類（飼料カブ）→大麦→赤クローバー（一年生牧草）の四年輪作（輪栽式農法）だ。家畜は一年中家畜小屋で飼育され、耕地の四分の三で生産される豊富な飼料を与えられた。家畜小屋から回収された豊富な厩肥は、耕地に還元されていく。

つまり、農業革命は、耕地と家畜を別々に囲い込み、飼料と厩肥を循環させるシステムである。一方、合鴨水稲同時作では、生育中の穀物（稲）と家畜（合鴨）を耕地に同時に囲い込む。この点が明確に異なる。輪作と結びついた畜産と同時作としての畜産は、興味深い技術的対比をなしている（図5）。

ヨーロッパの農業革命と合鴨水稲同時作では、雑草の防除についても考え方が大きく異なる。

農業革命では、牛や馬の畜力によって等間隔に線状に種を播く畜力条播機、牛や馬が作物と作物の間を耕して雑草を防除する畜力中耕機、深く耕地を耕す深耕犂の発明によって、雑草防除体系が確立された。農業の近代化を基礎づけたのは、こうした大家畜による「機械的労働手段」の高度な体系である。

では、合鴨水稲同時作では、このような労働手段の革新がなされたのであろうか。たしかに、人間による草取りの代わりに中小家畜の合鴨が働くという意味では、「畜力的労働手段」の革新がなされたと言えよう。アジアの伝統的アヒル水田放飼農法も、同様である。加えて、合鴨水稲同時作では、合鴨の水田への囲い込みによって、雑草防除体系が確立された。この囲い込みは、「容器的労働手段」に相当する。

ここでいう「容器的労働手段」とは、作物や家畜が成育する場の利用を意味する。水田を囲い込むことによって、高度な「機械的労働手段」を利用せずに、合鴨という「畜力的労働手段」を補助し、そのいっそうの活躍を可能にした。ここに、合鴨水稲同時作の大きな農法的意味がある。

近年は環境保全型農業や有機農業が、日本農業の生き残り戦略としてにわかに注目され始めた。だが、日本農業の根本的な問題点は、よく言われるような過度の農薬や化学肥料への依存体質にあるのではなく、実は農法の欠如にあったと私は考えている。それは、耕地の高度利用による地力の再生産と雑草防除技術の未確立である。合鴨水稲同時作を農法の視点から読み直すのは、まことに興味深い。

刻苦勉励型と畜力エネルギーの創造的活用

すでに述べたように、私は合鴨君から農業（稲作）の楽しさと面白さを教えられてきた。それは、日本の有機農業の流れのなかで、どのような位置にあるのだろうか。

戦後の日本農業に対してはいろいろな見方ができるが、一貫して農作業の手間を省く「限りなき省力化」の流れであったと言えるだろう。化学肥料、農薬・除草剤、機械……。いつのまにか農業労働の節約（省力化）自体が目的となり、機械化貧乏というおかしな言葉さえ生まれた。機械の導入によって農作業は楽になるが、高額の購入代金を払う結果として貧乏になるという矛盾である。

一方、環境や安全性や循環や永続性を重視する真の有機農業は、化学肥料や農薬・除草剤を使用しない。その分、土づくりや手取り除草や手作業による害虫防除など、作物に対する細やかな対応が必要である。つまり、有機農業では、労働力の投入量が増加する。これは、省力化の流れに逆行している。

実際、有機農業には刻苦勉励型のイメージがある。たとえば、炎天下で雑草を取る。あるいは、使用済みの菜種油を田んぼの水面に落として油膜をつくり、稲の株を竹で叩いてウンカを落とし、油で気門を塞いで窒息させる。

ここに、真の有機農業が環境によく、安全で美味しい作物ができると評価されながらも、広がらなかった大きな理由がある。減農薬と比べると真の有機農業は手間がかかるので、使命感(価値観)や篤農技術をもつ一部の人にしかできないというのが、一般的なとらえ方だったのではないだろうか。

合鴨水稲同時作は有機農業の一分野ではあるが、少し趣が違う。それは、二〇年以上も断絶していたアジアの伝統的アヒル水田放飼農法を囲い込みによって再生し、日本農業ですっかり忘れ去られていた水鳥(水禽)のもつ水陸両用の能力を自由に全面的に展開させたからである。そして、多様性と省力性を兼備した技術体系を創出したからである。

農業の近代化・省力化は化石エネルギーの限りない投入であり、有機農業は人間労働力の惜しみない投入だった。だが、合鴨水稲同時作は化石エネルギーでも人間エネルギーでもなく、畜力エネルギーの創造的活用である。エネルギーの利用形態は、人力→畜力→化石と変遷してきた。畜力の利用に関しては、今後も面白い展開が期待できそうだ。畜力でしか達成できないことが、まだあるだろう。

機械にしろ、農薬・除草剤にしろ、化学肥料にしろ、使うのは人間である。トラクターは人間が運転し、農薬や化学肥料は人間が撒く。有機農業では、人間の労働がさらに多くなる。一方、合鴨水稲同時作では合鴨君が勝手に食べ、遊んで、仕事(?)が終わり、稲も育つ。

合鴨君も稲も、人間が一つ一つ細かくコントロールし、管理するわけではない。だが、自然に、雑草防除、害虫防除、養分供給、フルタイム代かき中耕・濁り水、ジャンボタニシ防除、刺激という六つの合鴨効果が発揮される。稲と合鴨君がいわば勝手に、ともに育っていく。だから、一〇三ページなどで述べたように、スーパーシステムなのである。それは、「刻苦勉励型の有機農業」とはまったく違う、楽しい農業だ。

独自性・普遍性・総合性

また、有機農業はこれまで、つぎのように言われてきた。

「土ができ、天敵が増え、雑草の種が減るまで、五～一〇年は辛抱しなさい。そうすれば、いろいろな作物ができる素晴らしい土になる」

私自身もそうしてきた。ところが、合鴨水稲同時作は、やる気があれば、いきなり、だれでもどこでも楽しく取り組める。しかも、始めた年からそれなりの効果が上がる。これは技術的には、無農薬稲作が「特別なもの」ではなく、「ごく当たり前のもの」になる可能性を意味する。つまり、合鴨水稲同時作は、独自性も普遍性も有するのである。したがって、合鴨水稲同時作を従来の有機農業のイメージでとらえるのは、いささか間違っている。

ただし、合鴨水稲同時作は稲と合鴨の動的バランスのうえに成り立つものであり、地域的で多様な側面をもつ。南北に長い日本列島の自然条件の多様性に応じて、合鴨君の放飼時期、適正羽数、雑草の種類と生え方、害虫の生態、外敵の種類が微妙に異なる。韓国やベトナムなどアジアの国ぐにも自然条件が異なるので、もっと違ってくる。

合鴨水稲同時作は、その総合性ゆえに、実に多様な技術である。これを細分化・マニュアル化するのは、かなりむずかしいだろう。逆に、マニュアル化し尽くせない全体性のなかにこそ、合鴨水稲同時作の面白さ（真価）があると私は考えている。

3 現場からの真の最新省力技術の創造

有機農業における効率化

三七年間の私の体験に照らすかぎり、必ずしも「近代化農業が効率的で、有機農業は非

図6　私の合鴨水稲同時作の技術的発展過程と生産力

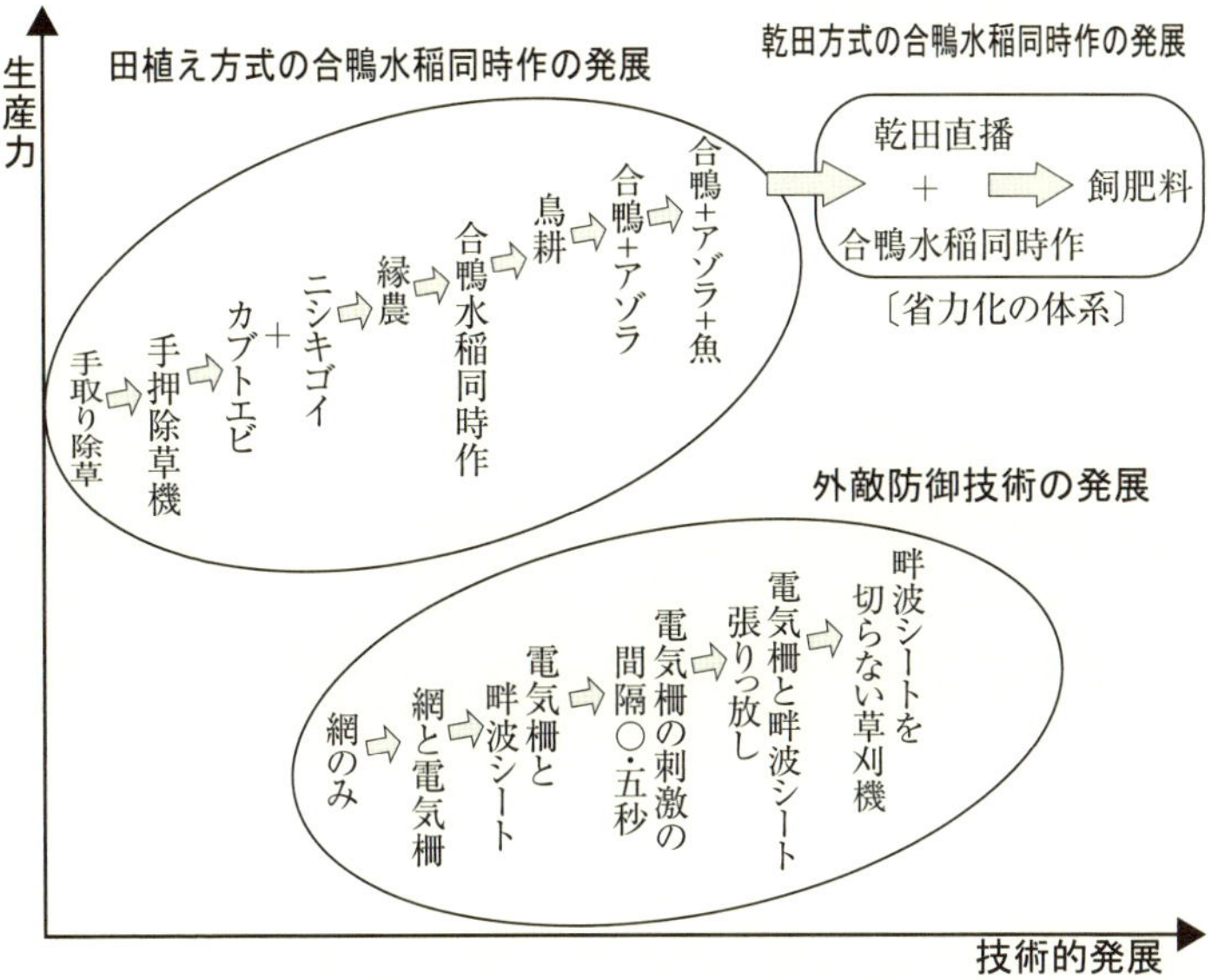

効率的」とは言えない。技術のあり方によって、それは変わる。振り返ってみると、省力化・効率化は常に農業の現場のテーマである。

有機農業の省力化・効率化は、機械除草のような有機農業にふさわしい機械化＝適正技術と、技術体系全体の見直しによって達成される。図6に示すように、私の合鴨水稲同時作は、稲＋合鴨→稲＋合鴨＋アゾラ→稲＋合鴨＋アゾラ＋魚と、水田の多様な生産力を総合する方向に発展してきた。近年は、体系全体を見直す省力化の方向へ進んでいる。これがまた面白い。

以下では、合鴨水稲同時作における省力化の創造を示していこう。これは、まったく新しい私の現場からの発想である。

畦波シートと電気柵を張りっ放しに

私の合鴨水稲同時作は電気柵による外敵防御技術のうえに成立している。電気柵は必需品だ。さらに、毎年、田植え後二週間以内に田んぼの周囲に畦波シートを張り、初秋に撤収してきた。畦波シートは、幅三五センチ、長さ二〇メートルのプラスチックの板で、強度を出すため、波型に成形されている。本来は田んぼの畦の内側に連続して張り、水もれを防ぐ。合鴨水稲同時作の場合は、外敵（たとえばイタチ）の侵入と合鴨の脱出を防ぐためにも使う。

だが、田植え後の二週間というのは忙しい時期である。鹿児島大学の岩元泉先生と久留景一郎さんの二〇〇〇年の調査では、表3のように、合鴨に関する労働時間のなかで、網・支柱・電気柵張りが三八％を占めている。畦波シート張りと電気柵張りは、合鴨水稲同時作でもっとも手間のかかる、しかも期間限定の作業なのだ。

表３　合鴨水稲同時作における労働時間

（分／10a）

作　　業	労働時間（割合）
入水前の世話	240.4（ 22.2％）
網・支柱・電気柵張り	411.2（ 37.9％）
放飼	23.2（ 2.1％）
給餌	303.9（ 28.0％）
見回り	64.6（ 6.0％）
捕獲	41.1（ 3.8％）
合　　計	1084.3（100.0％）

（出典）図４に同じ。

畔波シートを張りっ放しにした我が家の田んぼ

そこで、発想を大転換。田植え前に畦波シートを張ることにした。乾田状態の田んぼの周囲に、トラクターの後ろに三角形の溝の形をした鉄板（片バイト）を付けて溝を掘り、畦波シートを埋めるのだ。この季節なら、ゆっくりとできる。期間限定ではないからだ。田植え後は電気柵を張るだけだから、かなり楽になった。仕事の分散である。

それでも、まだ通常の稲作に比べれば面倒くさい。そこで、さらに発想転換。二〇〇三年からは、畦波シートも電気柵も張りっ放しにしている。田んぼの出入口だけ電気柵と畦波シートをはずし、そこからコンバインを入れて稲を刈る。だが、雑草対策と畦波シートの耐久性に問題があった。

雑草対策には、畦波シートを切らないで、

雑草だけを刈れるカバー付きの草刈機を、電気柵を購入している末松電子製作所と共同開発した。また、少し古くなったチップソー（草刈機の刃の一種）の刈刃を一般の草刈機に着装すれば、回転スピードを落として刈っても、ほとんど畦波シートを傷めずに草刈りができる。

近年は、バリカン式の草刈機で、畦波シートを切らずに、楽に草刈りができるようになった。さらに、二〇一四年の父の日に、次男がスパイダーモアをプレゼントしてくれた。斜面をクモのように自走して雑草を刈る機械だ。畦波シートの際の草を刈ってもシートが傷まない、優れ物だ。

雑草の問題は、これでほぼ解決した。ただし、外敵の侵入を防ぐために畦波シートではなく網を使用していたら、クリアするのは困難だっただろう。雑草の蔓やとくに葉が網の目の中に入り込んで、絡みつくからだ。草刈機で網を切らずに草だけを刈るのは、なかなかむずかしい。

畦波シートの耐久性は、まだはっきりとはわからない。おそらく、新しい素材を使った耐久性のある畦波シートの開発が必要だろう。とはいえ、それは技術的にも経済的にもそれほどむずかしくはないと思う。仮に畦波シートと電気柵を五年間張りっ放しにできれば、仕事をかなり省力化できる。

二〇一四年には、七・三ヘクタールで合鴨水稲同時作を行った。以前は一・四ヘクタールだったから、約五倍である。とはいえ、畦波シートも電気柵も張らずにすんだから、作業は大幅に楽になった。何より期間の制限がなくなり、ストレスが消えた。ないない尽くしにできるのも才覚の一つ。こうした創意工夫が面白い。

穂肥は合鴨君に運ばせる「飼肥料」の発想

私の稲作は一切を合鴨君に任せ切る。穂肥（ほごえ）（通常、出穂の七〜一四日前に行う追肥）は行わない。楽しそうに泳ぐ合鴨君を見ているうちに、わざわざ歩きにくい水田に入って穂肥をふる気がサラサラなくなってしまった。

実はもう少し積極的に、合鴨君任せにする方法を合鴨君に気づかされたのである。たとえば油粕は有機肥料として使われるが、飼料用としても販売されている。この油粕を合鴨君の餌として積極的に与える。クズ米に同量の油粕を混ぜて与えると、どんどん食べる。二〇キロなんて一〇〇羽の合鴨が二日で食べ切ってしまう。

二〇キロの油粕には約一キロの窒素が含まれている。その大半が糞として田んぼに排泄され、肥料となる。鶏の調査では、餌に含まれる窒素の半分が糞として排泄されるそうだ。これに比べて、クズ米だけを与えた場合は、約二カ月で一〇アールに二〇羽いる合鴨の糞に含まれる窒素量は一キロ弱だ。いかに、油粕の肥料としての効果が高いかがわかる。

つまり、合鴨君に与える油粕が稲の穂肥になるわけだ。肥料は人間が散布しなければならない。一方、合鴨君は有機肥料の製造機であると同時に、散布機（マニュアスプレッダー）でもある。人間の手間はかからない。発想が大切なのだ。

『中国農業の伝統と現代』（郭文韜・曹隆恭ほか著、渡部武訳、農山漁村文化協会、一九八九年）に面白いことが書かれている。

「もし藁を肥料として用いるならば、それに含まれているN・P・Kなどの元素は利用できるがエネルギーは無駄になってしまう。もし、これらの藁を飼料として用いるならば、含まれている蛋白質等の物質として利用できるばかりでなく、そのエネルギーも利用できる。つまり藁を飼料として用いてこそ最も経済的なのである」

肥料や除草のために油粕や米糠を直接田んぼに撒くのではなく、合鴨君の飼料（餌）として用いてこそ、経済的で面白い。この考え方を私は「飼肥料」と呼んでいる。

最近、田植え直後の水を張った田んぼに米糠を散布する、米糠除草法が広がっている。米糠を餌に微生物が増殖し、発生する有機酸で雑草の発生が抑えられるほか、田んぼが強い還元状態になり、酸欠効果があるからだろう。しかし、米糠は合鴨君の餌になるのだから、直接散布するのは、もったいないのではないだろうか。合鴨君の意見である。

田植えvs直播

直播とは、苗代を用いず、本田や畑に直接種を播いて水稲などを栽培することをいう。

田植機のないころは、一家総出で一日中、泥田の中で腰を曲げて手で苗を植えていた。そのとき私は、稲も麦と同じように直接種を播けたらどんなに楽だろうと思った。辛い手植えを体験した人はだれでも、一度は直播を夢見たのではないだろうか。

たしかに直播は楽で、省力的だ。しかし、播いた後で稲と雑草が同時に芽を出し、旺盛に繁茂した雑草が稲を圧倒する。直播は、除草が大変なのである。この問題を回避するのが、すでに述べたように田植えだ。

田植え方式では、比較的狭い苗代に種籾を播き、苗を集中的に管理して育てる。そして、きれいに均平に代かきして雑草のない状態で、水田に大きく育った苗を植える。稲の苗は、スタートラインから雑草に差をつけているのだ。さらに、水が雑草の発生をある程度抑える。水を湛えた状態(湛水条件下)で発生する雑草量は、普通畑状態の六分の一に減少するという(吉田武彦『水田土壌学』農山漁村文化協会、一九八二年)。田んぼに水を張る田植えは、もっぱら雑草対策の必要性から行われてきたのだろう。

世界の稲作は図7のように、水稲と陸稲に大きく分けられる。水稲は植栽法により、田

図７　世界の稲作と合鴨水稲同時作

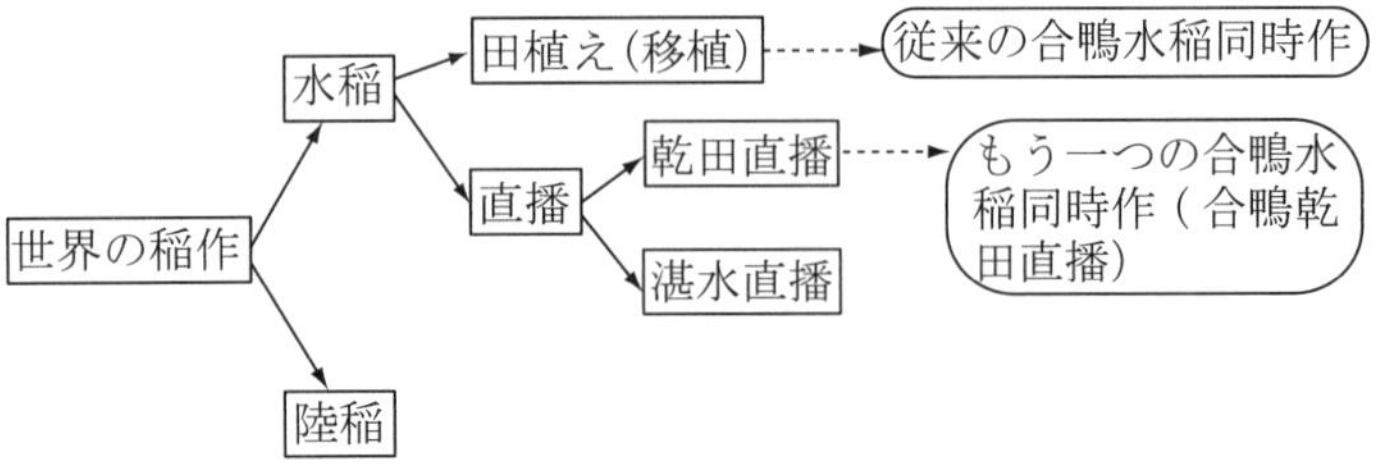

植えと直播に分かれる。従来の合鴨水稲同時作は、すべて田植えのうえに成立する技術だ。一方、もう一つの合鴨水稲同時作は乾田に直接種を播く乾田直播のうえに成立し、まったく体系が異なる。

田中耕司氏は『稲のアジア史第3巻アジアの中の稲作文化』（渡部忠世編、小学館、一九九七年）で、こう記している。

「アジアの稲作圏は、南アジアの直播卓越地帯、東南アジアの移植、直播混合地帯、東アジアの移植卓越地帯に区分される」

東アジアの日本では、稲作と言えば田植え風景が必ず連想されるように、ほとんどの田んぼで田植えが行われている。一方、南アジアのインドやバングラデシュでは、畜力を利用した技術体系として、伝統的に乾田直播が広く行われてきた。田植えは必ずしも絶対的ではない。世界的にみれば、乾田直播は主要な稲作体系のひとつである。現在、ＥＵ、南北アメリカ、オーストラリアは、直播稲作だ。

統計によれば、二〇〇九年の日本の水稲直播面積は一万九六三六ヘクタール。一九九八年の二倍以上になったとはいえ、一部の先進的な農家の取り組みだけで、一般的な技術としては広く普及していない。

その最大の理由は、雑草問題だ。とりわけ、乾田直播では旺盛に雑草が繁茂する。だから、日本の直播では、強力な除草剤をかなり多く使用している。私が見聞するかぎり、四～五回も散布されているようだ。日本の直播は、ふつうの稲作以上に除草剤依存と言っていい。

現在、いわゆる有機稲作における除草法は、米糠、ジャンボタニシ、紙マルチ、冬季湛水といろいろある。民間稲作研究所の稲葉光國さんが編集した『除草剤を使わないイネつくり』(農山漁村文化協会、一九九九年)には、二〇種類の「抑草法」が集められている。いずれも田植えを前提とした除草法だ。合鴨水稲同時作は、一鳥万宝の総合格闘技(?)だ。稲作・畜産・水産を統合するポリカルチャーであり、これらの単一機能的技術とは次元が違う。

稲葉さんの本に代表されるように、直播は従来、有機稲作の対極にある技術で、除草剤の多用は不可避であると考えられてきた。有機直播はほとんどない。私も長いあいだ、この常識にとらわれていた(読者の皆さんは、有名な福岡正信さんの自然農法は不耕起直播ではないのかと指摘されるかもしれない。この点に関しては、一四二ページで少し言及したい)。

ドライ効果に注目――乾田の雑草は乾かして防ぐ

私は毎年、秋の終わりに収穫後の田んぼに堆肥を撒き、耕し、小麦の種を播く。二〇〇二年の冬、みごとに発芽した小麦を見て、稲も小麦のように直接播いたら面白いかもしれないと考えた。狭い苗代ではなく広々とした本田で、稲の苗を超疎植で育てるのだ。簡単、簡単と、私は軽く考えた。

ちょうどこのころ、「私も齢(とし)をとったので、うちの田んぼをつくってください」と言う人が頼みに来られるようになり、我が家の借地面積が増えつつあった(現在は耕地面積が約一〇ヘクタールで、うち借地は八ヘクタール)。このままでは、忙しすぎて、手がまわらなくなるかもしれない。

そこで、合鴨水稲同時作の省力化を考えた。仕事をスムーズにするためには、労働力を増やす、機械化する、アイディアを工夫する、という三つの方法がある。私は第三の方法をとり、発想をまったく変えたのだ。

合鴨水稲同時作+乾田直播、すなわち「合鴨乾田直播」は、田んぼの状態によって乾田期と湛水期に二分できる。湛水期に発生する雑草は、すべて合鴨君が対応してくれる。問題は、合鴨君が田んぼにいない乾田期に生えてくる雑草だ。と言っても、すべての雑草が問題なわけではない。ナズナ、シロザ、レンゲ、カラスノエンドウなどの、ごくふつうの乾田＝畑の草は、水を入れれば自然に枯れていく。合鴨君もこれらの草が大好きで、どんどん食べてくれる。

問題は、乾田期に生えてくるヒエだ。ヒエは水陸両用（？）で、田んぼに水を入れてもまったく枯れない。しかも、イネ科だから、合鴨君も食べない。

実は昔、各地で合鴨乾田直播や合鴨湛水直播に挑戦された人たちがいたが、ことごとく雑草に完敗した。聞くところによれば、乾田期と湛水期の雑草を分けて考えていなかったようだ。ヒエが問題の核心であることを深く考慮せずに、直播と合鴨を単純に結合しただけらしい。

たしかに、ヒエは困りもの。でも、すでに書いたように、合鴨君の除草メカニズムは単に「食べる」だけではない。ヒエが二葉より小さければ根が十分に発達していないので、合鴨君が嘴や足で田んぼの泥と水をかきまわすと、簡単に水面に浮き上がり、枯れていく。要するに、乾田期間中にできるだけヒエを発生させなければいいのだ。仮に発生しても、田んぼに水を入れて合鴨君を放したとき、二葉より小さければいい。そのためには、どうしたらいいのか。

私は田畑輪換を取り入れ、長年田んぼに野菜を栽培してきた。ところが、基盤整備後、重機で鎮圧したため極端に乾きが悪くなり、ピーマンやトマトが青枯れしたり、本当に苦労した。田んぼを畑にした場合、よく乾くところは雑草がゆっくり生え、発生量も少ないが、乾きの悪いところは水田雑草の発生が早く、本数は猛烈に多い。

「乾田では、乾かせば雑草の発生は少し遅れる」

辛い体験のなかで、私はこのことを骨身にしみて気づかされた。これを私は便宜上、「ドライ効果」と呼んでいる。水田の雑草は水で防ぎ、乾田の雑草は乾かして防ぐわけだ。これもまた面白い。名著『原色雑草の診断』(草薙得一編著、農山漁村文化協会、一九八六年)には、以下のように書かれている。

「タイヌビエの発生しやすい条件＝水田や湿地などで気温が一四〜一五度以上の日が続くと発生する。しかし、水分要求性が強いので、水分が少ない畑状態では、あまり発生しない」

そこで私は、とにかく乾田を乾かす工夫をした。トラクターにサブソイラーを付けて、乾田に深さ四五センチ、幅約一センチの切れ目を三メートルおきに入れた。これで、代かきなどでできた不透水層が割れて、降った雨が地中に染み込む。さらに、田んぼを深さ五センチ程度に、浅く耕した。深く耕すと、膨軟な土が多量の雨水を含み、なかなか乾かない。浅く耕せば、土は多くの水を含まない。乾きのよい部分は、この浅耕だけですむ。乾

トラクターにサブソイラーを付けて浅く耕し、乾きをよくする

きの悪い部分は、サブソイラーをかけた後で浅耕する。

こうした方法で、田んぼはよく乾くようになった。雨が降っても水は溜まらず、降った後に晴れれば翌日か翌々日にはトラクターで耕せる。

フラッシュ・アンド・リリース

こうしてよく乾くようになった田んぼを耕し、四万円で買った中古の小麦の播種機で、二〇〇五年は五月二〇日に稲の種籾を播いた。籾を水に五日間ぐらい漬けておくと、胚芽が膨らみ、白い芽が出る。この状態で冷蔵庫に入れておき、晴天が三日間続くときに播くのだ。この年は二週間入れておいた。

冷蔵庫に入れておくと、外気温との温度差が大きいので、種籾はすぐに芽を出す。雑草(とくにヒエ)より先に籾の出芽を狙うわけである。

たしかに出芽は早く、一週間後の五月二七日前後に、均一に土の中から芽を出した。うれしいことに、この時点で雑草はまったく見えない。二週間が経っても、雑草はちょっとしか生えない。ドライ効果は明瞭だった。

六月七日に村の用水路に水が流れ、用水路側の畦際に水が少し染み込んだ。すると、そこだけタイヌビエが大発生した。ここが対照区となり、ドライ効果がより明らかになっていく。

六月一三日に乾田へ水を入れ、同時に二週齢の合鴨君を一〇アールあたり二〇羽放した。乾田状態から湛水状態へ、田んぼの様子がドラマティックに変化する。畑作の論理が水田の論理へ変わったのだ。

乾田を水がゆっくりと潤し、合鴨君の活動領域が広がっていく。合鴨君は狂ったように、突然の大水で逃げまどう虫や草の種を食べ続けた。いつまで見ていても飽きない。整然と田植えをした田んぼに合鴨を放す従来の方式とは、まったく違う感じだ。友達が、「まるで、ベトナムのメコンデルタの光景だ」と言った。

この方式をフラッシュ・アンド・リリース・システムと呼ぶ。英語で水を流すのを

Flush、生きものを放すのを Release と言うからである。

これ以降、水田に生えてくる雑草は合鴨君が完璧に除草してくれた。田植え方式では水田に水を入れて一～二週間後に合鴨君を放すが、この方法では同時に放すから、タイムラグはまったくない。

この時点で播種後二四日、苗の大きさは二・五～三葉齢だ。従来の合鴨水稲同時作では、合鴨放飼時の苗は、播種後五〇日、五葉齢以上の成苗である。苗の大きさに相当な違いがある。田植え方式では、合鴨君を放すのに植えた苗がしっかりと根づくまで一～二週間待たねばならないが、直播方式ではもともと大地にしっかりと根を張っているので、こんなに早く合鴨君を放しても問題ない。収穫時まで、雑草はほとんど生えなかった。

私は二〇〇三年に九アール、〇四年に二〇アール、そして〇五年は六〇アールと、この方式のテスト面積を広げてきた。

「お父さん。このやり方やったら一〇〇ヘクタールでも合鴨（農法）でできるばい」

隆太郎が大学生のころフラッシュ・アンド・リリースを見て、私に言った。本当に、この方式は省力的だ。育苗、代かき、田植えが省略できるので、従来の四分の一から五分の一の労力ですむだろう。しかも、苗代への種播きや田植えは家族総出の作業だが、合鴨乾田直播はすべて一人で十分に楽しくできる。

有機農業は安全性、近代農業は省力化と、一般的には対立的にとらえられている。だが、合鴨君の助けを借りてアイディアを出せば、必ずしもそうではない。「有機農業の省力化」は、これからの面白い課題だ。

ただし、問題点はあった。株間にヒエが生えたのである（第7章1参照）。

問題のなかに技術の発展がある

私は犬の被害にあって電気柵に気づかされ、イタチなどの小さな外敵の被害で刺激を〇・五秒間隔にすることに気づかされた。さらに、耕作面積を拡大する過程で、電気柵の張りっ放し、油粕や米糠の飼肥料としての役割、合鴨乾田直播に気づかされた。

すべて田んぼの中で現実の問題にぶつかり、苦労を重ね、試行錯誤して、創意工夫で、どうにか乗り越えてきたのである。いま振り返ると、結果的にその積み重ねが自分なりの技術の発展となっている。このストーリー、いわば逆転のドラマが、合鴨水稲同時作の最大の面白さである。

合鴨君の登場するＮＨＫテレビ『プロフェッショナル仕事の流儀　失敗の数だけ人生は楽しい』は、二〇〇七年七月二四日に放映された。キューバ人稲作研究者の来訪に始まり、私の挑戦、合鴨乾田直播の完敗、そして「成功するまで、やり続けます」という私のやや負け惜しみ的決意表明で終わっている。

あれから七年の歳月が流れたが、私の試行錯誤はまだ続いている。放映のときはオーレック社（本社：福岡県広川町）の既製品の中耕除草機を俄か造りで改造して使用したが、稲の条間と株間が正確に除草できず、ヒエに圧倒された。その後、我が家の田んぼを試験田にして、オーレック社と共同で、乾田中耕除草機の開発に取り組んだ。

従来の乾田中耕除草機は、作物も雑草もある程度大きくなってからの使用を前提として造られていた。稲の出芽直後に使用すると、稲が泥の中に埋もれたり、条間に小さな草が残ったりした。そこで私は「稲も雑草も小さい初期に、正確に、効率的に、条間と株間を中耕除草できる機械を造りましょう」と提案した。初期乾田中耕除草機の開発である。

私たちは冬と春の小麦畑、初夏の稲の直播田で試験を重ね、アイディアを出し合った。その結果、螺旋状の回転刃スパイラルローターの使用により、条間の初期中耕除草が完璧にできるようになった。

〈補論〉福岡正信さんの自然農法についての疑問

初夏、私が小麦を収穫するとき、麦の間に落ち穂から生えた稲が育っている。ヒエも生えている。

福岡さんは、実った麦の中に稲の種籾を播くそうだ。そして、小麦の株元にクローバーを繁殖させ、麦刈り後に水を入れて、クローバーを枯らす。クローバーが水中で分解する際に出る茶色の液(アク)で、雑草の発生を抑えるわけだ。麦の収穫時には稲の苗が大きくなっているという。

しかし、ヒエは生えていないのだろうか？　仮にヒエが生えないなら、稲も生えないと思う。あるいは、麦わらでヒエを抑えて、稲だけ成長するのだろうか。仮にこの時点でヒエが残っていたら、水を入れても枯れないだろう。枯れるとすれば、稲のほうが先に枯れると思う。ヒエは炭酸同化作用の効率が稲よりすぐれ、稲より生命力が強いのだから。

福岡さんの本を読んだだけでは疑問は湧かなかったが、合鴨乾田直播をしてみて、こう思った。ただし、実際に福岡さんの方法に取り組んでみなければ明確にはわからない。

第5章

合鴨君の教育力とシンクロニシティ

我が家から近くの田んぼに合鴨を誘導する次女・瑞穂

1 合鴨君のお母さんは大変

合鴨君は、稲に対して多様な効果があるだけでなく、私たち人間の心にとても大きな影響を与えるようだ。合鴨君の「教育力」は素晴らしい。私は合鴨君から多くのことを気づかせていただいた。

五月、クリーム色のシイの花が山を覆う。シイはブナ科の常緑高木で、実は食べられる。風に乗って、そのクリームのように甘くて深い特有の香りが運ばれてくる。このころが合鴨君の誕生ラッシュだ。我が家では毎年、四〇〇〇羽近いヒナを孵卵器で孵化させている。四月から六月まで次々と生まれ、全国各地へ発送する。合鴨水稲同時作は、北は北海道から南は沖縄まで広がった。だから、北上していく桜前線を追いかけるように、合鴨君のいる風景が日本列島を北上していく。合鴨前線北上中というわけだ。

合鴨君には興味深い行動特性が二つある。グループ行動と刷り込みである。

合鴨君は常に、グループで統一行動する。パニックのとき以外は、学級崩壊の子どもたちのような勝手気ままな動きは決してしない。この行動特性が合鴨水稲同時作にはとても都合よい。

一方、刷り込みは「インプリンティング」ともいう。これは、ノーベル生理学・医学賞を受賞した有名な動物行動学者K・ローレンツ博士によって提唱された。博士によると、マガモのヒナは、孵化後一三～一六時間ぐらいまでに目にした、自分の前を動いていくものを親だと思い、ついていく傾向をもっているという。

マガモの血を引く合鴨君にも当然、刷り込み現象が見られる。孵化直後のヒナは、羽毛がビッショリ濡れている。二～三時間ぐらい経って羽毛が乾くと、孵卵器から取り出し、孵化場から送られてくるときに入っていた穴のあいた段ボール箱（輸送箱）に移す。我が家の子どもたちはこのとき、一羽だけ自分の合鴨チャンを決め、「フワフワチャン、こ～いこいこい」と呼びかけていた。これで、そのヒナは子どもたちを親と思い込む。

三女・明日香の後をついていくヒナ
（生後７日ごろ）

刷り込みは強烈だ。合鴨君はどこへでもついて行く。子どもたちが風呂に入れば、風呂に行き、洗面器の中で泳ぐ。夜寝るときは枕元の小さなボール紙製の箱に新聞紙を敷いて、合鴨君を入れる。ときには飛び出して、子どもたちの寝ているフトンの中に潜りこんでしまう。

あれは、大の動物好きの次女・瑞穂が四歳のころだった。食事のとき、「ママお水」と言った後で、「やっぱりいい」と言って、自分で椅子を持ってきて水道の蛇口からコップに自分で水をくんだのだ。

「どおしたん?」とママが聞いた。

「フワフワちゃんのお母さんをやって、お母さんてすごく忙しくて、大変なのがわかった。自分でできることは、自分でする」

ところが、刷り込みが始まって一週間も経たないうちに、「私、お母さんやめたい」と告白した。どうやら育児の大変さに耐えられなくなったらしい。それを学べるのもまた、合鴨君の教育力である。

2 刷り込まれる人間たち

美穂さん(仮名)が合鴨君のヒナのピー子に初めて会ったのも、新緑が目にしみる季節であった。容姿端麗な美穂さんは某民放テレビ局の花形レポーター。数々のニュース番組を手掛けてこられたキャリアウーマンだ。彼女は我が家の合鴨君の四季を他社にさきがけて取材し、一年間の様子を放映。楽しい合鴨家族の雰囲気がよく出ていて、たいへん好評だった。

ある日、取材を終えられた美穂さんに、私は尋ねた。

「合鴨君のヒナを一羽持っていきますか？」

美穂さんは心のなかでは迷われたかもしれないが、表情はとてもうれしそうだった。そして当然、刷り込み成立。ピー子は美穂さんを自分の親と思うようになった。

田んぼに放した合鴨君のヒナは網や電気柵をすり抜けて外へ出ると、必ず「ピィ、ピィ、ピィー」と甲高い声で鳴く。これは、仲間を求める緊急音である。だから、合鴨君の脱出はすぐにわかる。

野性の鴨の親子は仲良し家族で、いつもいっしょ。ヒナたちは並んで、親鳥の後をよちよちと追いかけていく。どこか、並んで風に泳ぐ鯉幟（こいのぼり）に似ている。一羽のヒナが家族から離れると、「ピィ、ピィ、ピィー」と絶え間なく鳴き続ける。親鳥は「グワ、グワー」と応答する。

福岡へ行ったピー子も、美穂さんの姿が少しでも見えないと「ピィ、ピィ、ピィー」と鳴き続けた。美穂さんは最初、喜んでピー子をテレビ局に連れて行く。テレビ局でもピー子はみんなの人気者であった。

やがてピー子は大きくなり、ボール箱から飛び出すようになる。美穂さんは鳴き続けるピー子を残して、後ろ髪を引かれる思いで出社する。帰宅すると、マンションの部屋にはピー子の糞が点々と散っていた。それでも、美穂さんはここまでは、可愛いピー子のために、じっと我慢のママであったという。

ところが、ピー子の声はだんだん大きくなり、「ガァ、ガァー」とおとなの声になった。これでは近所迷惑だ。美穂さんは可愛いピー子を泣く泣く公園の池へ連れて行き、涙の別れ。休日には餌を持って公園に行き、秋風のなかで再会した。

この話を聞いたとき、刷り込まれたのはピー子ではなく、実は美穂さんではないかと私は思った。人間が合鴨君に刷り込まれる。とくに、子育てが一段落したちょっとさびしいお母さんが合鴨君に出会うと、イチコロである。

東京の雑誌記者・桂子さん(仮名)もその一人だ。我が家で合鴨君に出会い、一発で刷り込まれて持ち帰った。「可愛くて、可愛くて」仕事が手につかなかったそうである。ただし、合鴨君はフワフワした愛くるしさだけでなく、野性の目の鋭さも合わせもっている。

桂子さんが東京行きの飛行機に乗るとき、秘かにバッグに入れた合鴨君が「ピィ、ピィ、ピィ」と鳴かなかったのは幸いであった。私は桂子さんに、「ピー子が飛行機に乗るとき、もし鳴いたらどうしよう」と言われたので、冗談でこうアドバイスした。

「あなたがピィピィ歌いながら、飛行機に乗ったらいいじゃありませんか」

実さん(仮名)は、大規模稲作篤農家。大の動物好きで、合鴨水稲同時作を始めてから、朝夕かかさず田んぼの合鴨君に餌をやりに行く。それが実さんの日課である。

夏の早朝、稲田の中を並んで泳ぐ合鴨君の姿を見ていると、時の経つのを忘れてしまう。まして、散歩の人が「合鴨が大きくなりましたね」と声をかけたりすれば、合鴨談義に花を咲かせ、家で奥さんが朝食の準備をして待っていることをつい忘れてしまう。何と言っても、実さんの掛け声一つでサッと集まってくる合鴨君の従順さが、たまらない魅力だ。かくて、母ちゃんの冗談半分、本音半分の愚痴がこぼれる。

「合鴨はいいけど、父ちゃんが田んぼからなかなか帰ってこないんだよね」

合鴨君に刷り込まれる男たちも、日本中で少なくない。かく言う私が、世界中で一番合鴨君にインプリンティングされた男かもしれない。

3 先生も生徒も元気になる合鴨君

近年、各地の農業高校で合鴨水稲同時作の取り組みが始まっている。そんな学校には、たいてい合鴨君に惚れこんだ名物先生がいる。熊本県の阿蘇農業高校（当時。現在は阿蘇清峰高校）元教員の池田整彦先生も、合鴨君にすっかり魅了された肥後もっこす（正義感が強く、頑固な性格）である。

「私は合鴨の悪口を言われると、自分の親の悪口を言われたような気がして、なにか向かっていきたくなります。いずれにしても、合鴨水稲同時作は二一世紀の最大にして最高の、東洋の文明を担う最大のキーワードといいますか、カギになるんじゃないかと、期待してわくわくしています」

これには深い理由がある。他の農業高校と同じく阿蘇農業高校でも、収益性の高い園芸や畜産を専攻する生徒は多かったが、普通作、とりわけ稲作を選ぶ生徒は少なかったという。先生たちは稲作に関心をもってほしいといろいろと知恵をしぼり、機会あるごとにその大切さを説いてきた。ところが、生徒たちはなぜか無関心だったという。

そんなとき、池田先生が合鴨水稲同時作を始められた。これで状況が一変する。それまで田んぼに見向きもしなかった生徒たちが見に行くようになったのだ。とりわけ、女生徒が合鴨の世話を熱心にした。

「犬に合鴨を盗まれたときなど、一人の男子生徒はどこまでも追いかけて行きましたばい。合鴨の教育力はたいしたものです。先生たちができなかったことをしたのですから」

池田先生は定年退職で学校を去られてからは専業農家になり、合鴨水稲同時作に情熱を傾けておられる。

私は教育学者ではないので、なぜ合鴨君にこれほどまでの教育力があるのか本当の理由はわからない。とはいえ、次のように考えている。

学校のいわゆる「勉強」は、一方的に知識を教える場合が大半だ。生徒たちは、それとは異なる双方向な関係性の面白さを合鴨君との交流をとおして発見したのであろう。言い換えれば、いのちのもつ総合性、生きものが育つ過程に、生徒たちが反応したのであろう。そこには、合鴨君と一人ひとりの生徒との特別の関係性が生じている。それは、自ら学ぶ面白さの原点でもある。

合鴨水稲同時作は大学でも研究されている。鹿児島大学の萬田正治先生、宮崎大学の園田立信（たつのぶ）先生、岡山大学（当時。現在は岡山商科大学）の岸田芳朗先生のもとに、日本だけでなくアジア各地から、合鴨水稲同時作の研究を志す若者が集まってきた（萬田・園田両先生は、すでに退職された。萬田先生は鹿児島県霧島市で合鴨水稲同時作を実践されている）。彼らは、合鴨水稲同時作に研究対象として興味をもつと同時に、面白いと思っているらしい。いずれも、合鴨に深く刷り込まれた人たちだ。

私の知るかぎり、合鴨水稲同時作の研究ですでに六人の博士が誕生した。これもまた、合鴨君の教育力であろうか。

4 いのちのふれあい

深まりゆく秋。紅葉する山の木の葉と競い合うように、合鴨君の羽の色が日ごとに鮮やかになっていく。頭部の緑色が輝くようになるのだ。

「初霜が降り、畑の大根や白菜やネギが甘味を増してくると、おいしい鴨鍋の季節が到来します」

不用意にこう発言すると、ときどき「エー、かわいそう」「残酷！」と叱責される。相手は、真面目な消費者さん。私は合鴨君の味方だけに、反論したくなる。

「あなたは日ごろ何を食べてますか。米、野菜、肉、魚を食べているでしょう。日常めしあがっている稲や大根や鶏や牛は、かわいそうではないのですか？　ご心配無用です。仏教の輪廻転生が示しているように、合鴨君は生まれ変わって人間になります。合鴨君をいただくということは、人間に生まれ変わるお手伝いをすることなのです。逆に、人間であるあなたは合鴨君に生まれ変わって、この世に出てくるのです」

人は生きているかぎり、米も野菜も肉も魚も食べている。たとえ金で買ったにしても、食べるという行為は、殺すということなのだ。大根も、合鴨も、人間も、いのちは一つ、等価である。

スーパーの肉売り場のショーケースにきれいに並べられた肉から、生きている鶏や牛や豚のいのちを想像することは、きわめて困難だろう。金さえ出せば、好きなときに、好きなものが、好きなだけ手に入る。そんな大量生産・大量消費・大量廃棄を前提とした分業社会のなかで、私たちはいのちをいただいて生きている。

だが、そうした存在であることをほとんどの日本人は忘れ去っているようである。人間が生きていくためには、生きているものを食べなければならない。これは冷厳な事実である。合鴨君は食べられるという行為をとおして、いのちの問題を私たちに提起しているのだ。

では、なぜ合鴨君だけを「かわいそう」と思い、鶏や牛や豚は「かわいそう」と思わないのだろうか。

ウィンドレス鶏舎や山奥の人目につかない場所で多頭羽飼育されている近代畜産と異なり、田んぼで楽しげに泳ぎ、育っていく合鴨君の風景は、私たちの目に見える。自分の目で直接見るということは、ふれあうことである。いのちはふれあいをとおして見えてくる。

かつて、ほとんどの農家では庭先で鶏やヤギやウサギや牛や馬が飼われていた。毎日その世話をし、最後は食べた。家畜とのふれあいをとおして、私たちは自然に、いのちについて気づかされていた。鶏（庭トリ）を殺すとき、かわいそうだと思った。田んぼで泳ぐ合鴨君は「食べ物は、いのちですよ」と教えている。

「開放の畜産」である合鴨水稲同時作は、だれでも見ることのできる田んぼに家畜を登場させた。それは家畜の再生でもあり、いのちのふれあいの場でもある。「いただきます」とは、「いのちをいただきます」という意味であり、合鴨君にはいのちの教育力がある。

合鴨の　羽あざやかに　秋深し　　合掌

5 合鴨君が結ぶシンクロニシティ

フィリピンの図書館で自らの記事に出会う

皆さんは「シンクロニシティ」を知っているだろうか。スイスの心理学者ユングが提唱した概念で、「共時性」「同時共調性」「意味のある偶然の一致」という意味だ。「噂をすれば影がさす」ということわざもある。人の噂をしていると、当の本人が突然現れるという意味だ。こんな経験は、だれにもあるだろう。

二〇一四年三月に、私はフィリピンのミンダナオ島で開かれた「アジア合鴨シンポジウム」に参加した(二四二ページ参照)。場所はミンダナオ島北部のブシアンという小さな市である。シンポジウム終了後、お世話になったアポロさんに、市内の博物館、遺跡、図書館を案内していただいた。

かつて日本の援助で建ったという図書館は日本の田舎町にある図書館のようで、懐かしい佇まいだ。事務室でお茶をいただいていると、司書の女性が「日本の雑誌もありますよ」と言って、得意気に一冊持ってきた。『niponica　にぽにか』という外務省発行の英文の雑誌である。パラパラとめくっていると、一四ページに私の記事と写真が載っていた。前年の秋に取材を受けた記事である。

「フィリピンのこんな田舎町で自分を紹介した雑誌に出会うとは」

私はこの偶然の一致に驚き、司書の女性は目を丸くしていた。この偶然の一致(シンクロニシティ)にどんな意味があるのか、いまのところわからない。とはいえ、私はこれまで合鴨君をとおして、いくつかの強烈なシンクロニシティを体験している。その意味とつながりを紹介したい。

ビル・モリソンさんとのシンクロニシティ

一九九四年の晩秋、私は福岡・博多の本屋さんでビル・モリソンらの著書『パーマカルチャー――農的暮らしの永久デザイン』(田口恒夫ほか訳、農山漁村文化協会、一九九三年)を偶然に見つけて買い、翌日ベトナム・ハノイ行きの飛行機の中で読んだ。

「動物・植物など一つ一つの構成要素を単一の生産システムとして見るのではなく、それが持っている機能のすべてを捉えていくのである」(七ページ)。

この本の基本姿勢は「一鳥万宝」の世界に近似していて、親近感を覚えた。

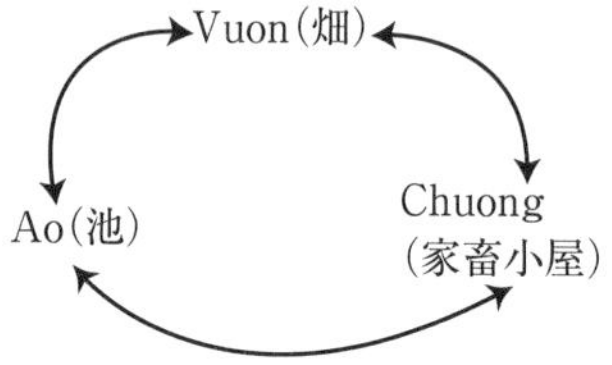

図８　畑作・養魚・家畜の複合循環農業

このときの旅は、全面に美しい蓮の花が咲いたハノイ市近郊のホタイ湖(西湖)畔にある国際会議場で開かれたVACシステムの国際会議に参加するのが目的である。ベトナム語で、VはVuon(畑)、AはAo(池)、CはChuong(家畜小屋)の頭文字。複合農業と訳され、紅河デルタやメコンデルタで盛んであるという。池を掘り、その土で盛り土をして、上に家を建てる。池で魚を飼い、池の周囲にバナナなどの果樹や野菜を植える。そして、池の近くで豚やアヒルや鶏を飼い、それらの糞が池に流れ込むようにする。それを栄養源として繁殖したプランクトンを魚が食べて大きくなる。ときどき池の肥沃な土を浚って、果樹や野菜の肥料にする。

私はＪＶＣ（日本国際ボランティアセンター）の伊藤達雄さんと常葉勝さんに手伝っていただき、スライドを使用して下手な英語で発表をした。

「ＶＡＣシステムは、池を中心に養魚・果樹・家畜を有機的に結合した素晴らしい複合農業です。私の提唱している合鴨水稲同時作はＶＡＣの考え方を田んぼ全体に広げた楽しい統合システムです」

会議にはベトナム人が約二〇〇人、欧米人が約五〇人参加し、盛会だった。稲とアヒルの国のベトナム人は私の話に深い関心を示しているのがわかったが、欧米人は理解しているのかしていないのか表情から読み取れない。

冷や汗をかきながら慣れない英語を読み終えた瞬間、私の眼の前で、一人の銀髪で小太りの初老の欧米人が立ち上がり、親指を天に突き立てて「グッド・アイディア」と、少年のような目でいたずらっぽくウインクした。その人こそ、私が出発の前日に博多で買った本の著者で、パーマカルチャーの創始者ビル・モリソンさんだったのだ。

この不思議な現象をどう理解したらいいのだろうか。私は、これこそユングの言うシンクロニシティ（意味のある偶然の一致）にちがいないと直感した。ビル（ここからモリソンさんをビルと呼ぶ）さんにそう話すと、たちまち意気投合。私がビルの本、ビルが私の本を持って、一緒に写真を撮った。

たしかに、それは私の人生にとって「意味のある偶然の一致」だった。それから二年後の一九九六年、ビルは東京のシンクタンクから招聘され、国連大学をはじめ各地でパーマカルチャーの講演をしてまわる。そして、最後に婚約者のリサさんを連れて福岡の我が家を来訪。二人は、大根や白菜などの秋野菜を収穫したり、子どもたちと遊んだりして、晩秋の一週間をのんびりと愉快に過ごし、小さな家族農業を体験したのだ。

そして、最後にビルが私に言った。

「合鴨水稲同時作はパーマカルチャーの理念をもっともよく具現化した農法です。アジアの農民向けに、パーマカルチャー協会から英語の本を出版しなさい。英語にすればマーケットは広いですよ……」

そのとき私は、これが「ハノイ・シンクロニシティ」の意味なのだと思った。

ロゴマークと出版

私はビルさんの提案に従い、農作業を終えた深夜と早朝に、アジアの農民向けの本の原稿を書き続けた。東京在住のアメリカ人のトムエス・キルセンさん、トニー・ボーイズさん、バック・プレッチャーさんが、ほとんどボランティアでそれを英訳してくださった。しかし、オーストラリアのタガリー出版の編集者はのんびりしていて、なかなか出版されない。

私は一九九七年にビルさんから、オーストラリアで行われるパーマカルチャーデザインコースに、ゲストティーチャーとして招かれた。「奥さんも、食事作りを手伝ってくだされば、参加費はいりません」と言われたので、私は妻と当時中学三年生の次男を同伴。ブリスベンから車で四〜五時間もかかる、ニューサウスウェールズ州タイラガムという町のパーマカルチャー協会を訪問した。ところが、着いてみると、ビルさんは大動脈瘤破裂で緊急入院したという。

担当者は「リサさんに頼まれました。自由にビルとリサの家を使用してください」と言って、家のキーを私たちに手渡した。私は、ビルさんはこれからどうなるのだろうかと心配しつつ、本の出版はもう無理だろうと思っていた。

パーマカルチャーデザインコースは、ビルさんの弟子のジェフ・ロートンさんを中心に予定どおり開かれ、私は他の講師のプレゼンテーションでパーマカルチャーの広さと深さを学んだ。私も合鴨水稲同時作について、トムエス・キルセンさんに通訳していただき話した。ビルさんの病気が治ることを願いながら。

パーマカルチャー協会の敷地には、ロゴマークが印された大きな看板が立っていた。オーストラリアの先住民アボリジニの世界観を表現したものだという。全面に8の字にくねったヘビが描かれていた。8の字の中が池になり、アゾラが浮かび、アヒルと魚が泳いでいる。この看板を見上げたとき、私は不思議な安心感を覚えた。

「ビルさんと私は出会うべくして出会ったのだ。ビルさんは必ず治り、そして私の本も出版される」

事実、ビルさんの病気はリサさんの介抱で奇跡的に治り、拙著“The Power of Dcck”もさまざまな困難を乗り越えて二〇〇一年にタガリー出版から発行された。こうして、新しい縁が世界中に少しずつ、つながっていく。

世界経済フォーラムへ参加

「二〇〇一年の世界でもっとも傑出した社会起業家（ＳＥ＝Social Entrepreneur）に、あなたがノミネートされました。賞金総額は一〇〇万ドルです」

こんな夢のようなＦＡＸが二〇〇一年四月、スイスのシュワブ財団より我が家へ送信されてきた。ノミネートの理由は、ダック・レボリューション(Duck Revolution)だ。いったいだれが合鴨君を推薦したのか、いまもわからない。ＦＡＸの内容を読むかぎり、だれかが“The Power of Duck”の印刷前のゲラ刷りを読み、それを主催団体であるシュワブ財団に送った結果、ノミネートされたらしい。ゲラの段階でビルさんとリサさんが付けていたタイトルが“The One Duck Revolution”だったからである。

シュワブ財団は、世界経済フォーラムの提唱者であるクラウス・シュワブ博士が社会起業家の育成を目的に、一九九八年にスイスのジュネーブで設立した。「世界でもっとも傑出した社会起業家」は、優れた社会起業家を広く全世界に紹介する目的で、二〇〇〇年から実施されているという。

結局この年の秋に、世界中から二次審査にパスした四一人の社会起業家（社会変革者）がジュネーブに招かれ、社会起業家サミットが開催された。そこではこんなユニークな提案がされた。

「私たちはお金が欲しくて、ここに来たわけではありません。一〇〇万ドルで四一人全員を世界経済フォーラムに招いてください」

その提案を受けて、二〇〇二年一月にメールがシュワブ財団から届いた。

「世界経済フォーラムに、あなたを招待します」

世界経済フォーラムは、シュワブ博士が、スイスのスキーリゾート地であるダボスで一九七一年に創設した。以来、世界中の政・財界のトップリーダーに加えて研究者やジャー

シュワブ夫妻と記念撮影(2002年1月31日、ニューヨーク)

ナリストなどがダボスに集まり、世界経済を中心に多様な問題を議論する会議が毎年開かれている。出席者は三〇〇〇人にも及ぶ。

今回は前年の九月一一日に起きた同時多発テロ後のアメリカの健在ぶりを示すためか、特別にニューヨーク・ウォール街の証券取引所で開催されるという。

参加について妻に相談すると、こう言われた。

「世界の要人が集まる世界経済フォーラムは、きっとテロの標的にされるよ。危険なニューヨークに行かんほうがいいよ」

私もそう思いつつ、心が揺れていた。そんなときに次のメールが届く。

「二〇〇一年にノースカロライナ州シャーロッテで開かれたアメリカ農学会とアメリカ作物学会の合同年次総会で、アイオワ州立大学のフレデリック・クンシェーマン教授があなたの合鴨農法を持続的農業のモデルとして取り上げました」

送信者はジョージ・ムラモト（村本穰司）さん。カリフォルニア大学の有機農業研究者だというが、一面識もない。私がニューヨークで開かれる世界経済フォーラムに招かれているなど、当然ご存知ないはずだ。

「これはアメリカに行けということにちがいない」と思い、私はニューヨーク行きを決断した。というより、このシンクロで決断できたのである。

世界経済フォーラムの主要テーマは、①世界的な経済失速の回復、②貧困と教育格差の解消、③セキュリティの強化、④文化理解の促進である。これらに関しては、期間中にマスコミで十分に報道されたと思う。それらもどうでもよくはないのだが、合鴨君の関心事はもっぱらグローバリゼーションのもとで世界の農業がどうなっていくかにある。

会議に参加している多くのビジネスエリートたちは、グローバリゼーションのもとで多くの国の農民が困っていることを知らないのか、無視しているのか、どちらかだった。

「貿易こそが社会を改善し、貧困からの脱出のエンジンになっている。日本とアメリカは農民を保護している。食糧の貿易を自由化すれば、世界で三億人が貧困から脱出できる。農民を保護すると、貿易のアンバランスが生まれる。グローバリゼーションに反対している農民たちは、正しい情報をもっていない」

これに対して、アジアや南米から参加した多くの社会起業家たちは「ビジネスマンの価値観と私たちの価値観は違う」と言っていた。

「グローバリゼーションを進めているあなたたちのほうこそ、正しい体験と情報をもっていない」

フォーラム全体としては、限りなくグローバリゼーションを進めるのではなく、一定のルールが必要であるという認識に傾いてきたようだ。私が招かれたのも、そうした方向への流れの一つである。

原理はどこでも通用する

世界経済フォーラムに出席する前に、私と通訳のデビット吉場さんはアイオワ州へ飛んだ。雪の空港でフレデリック教授が待っておられた。教授はノースダコタ州の農家の出身で、働き者の大きな手をした大柄なアメリカ人だ。アイオワ州立大学持続的農業研究所所長で、専門は宗教と哲学。同時に、全米一のバイオダイナミック農法の農場を経営している。そんな人が所長になるのだから、アメリカの大学は面白い。

バイオダイナミック農法は、地球と太陽、月、惑星の位置関係が土壌や動植物の生育に影響すると考えて、種を播く時期、耕す時期、施肥する時期などを、星座の運行表にもとづいて決める。農薬や化学肥料は使わない。

「アイオワ州はアメリカ一のトウモロコシ産地(コーンベルト)で、稲作がないのに、なぜ合鴨水稲同時作に興味をもたれたのですか?」

「問題は原理です。土地を多面的に利用する合鴨水稲同時作の原理を、アイオワ州のサステイナブル・アグリカルチャーに応用するのです」

「でも、私の方法は、アメリカの広大な耕地ではなく、アジアの狭い水田で実践している小農の技術ですよ」

「生態的モデルは小さいほうがいいのです」

もちろん、先生は"The Power of Duck"を読んでおられた。アメリカ人なのに、心が通じる。ハノイ・シンクロニシティが次々とつながっていく。

合鴨君はうれしくなった。フレデリック教授に会っただけでも、アメリカに来た甲斐があったと思った。というのは、日本でも、「古野の合鴨水稲同時作は福岡県の筑豊地方でのみ通用する技術で、他の地域では通用しない」というコテコテのマニュアル人間が、まだけっこういるからである。アイオワ州の農民や学生も、とても熱心だった。合鴨水稲同時作のスライドショーが約二時間、質問が約一時間半。充実した三時間半を過ごした。

フレデリック教授によれば、ブラジルから安いトウモロコシが輸入されるので、アイオワ州のトウモロコシは生産原価割れだという。農民は困っているのだ。当面の課題は、①

アイオワ州の自然環境に適合した持続的農業の創造、②消費者と直接結びついた流通モデルの構築である。合鴨君は思った。

「日本もアメリカも、百姓は同じだ」

知らない著者の本に登場

アメリカ・シンクロニシティはまだまだつながっていく。二〇一二年五月のある日、茨城県の友人から電話があった。

「古野さん、ダイヤモンド社の『食の終焉』に古野さんが出ているよ。知っていますか?」

私は朝日新聞の書評でこの本を知り、読みたいと思っていたが、合鴨君が登場するとは知らなかった。興味津々。早速インターネットで取り寄せて読んだ(ポール・ロバーツ著、神保哲生訳、ダイヤモンド社、二〇一二年)。すると、ウォルマートなどの小売業者が世界の食を動かしている実態が、アメリカを中心にわかりやすく書かれている。長いあいだ有機農業で小さな生産と流通をしてきた私にとって、衝撃的な内容だった。

その第一〇章の冒頭に、私と合鴨君についていろいろ書かれている。私が興味深く感じたのは、私の名刺に「一鳥万宝」と書かれているという記述だった。私とポール・ロバーツさんは一面識もない。だから、名刺を渡せるはずもない。おそらく、名刺を渡したフレデリック教授の影響だろう。フレデリック教授は、この本のあちこちに登場している。

ボンボヤージュ——フランスへのつながり

EUの農業大国フランスでもご縁をいただいた。
シュワブ財団の機関誌を見て、フランスの大学生が取材を申し込んできた。トニー・ボーイズさんの通訳で、長時間の電話インタビューを受けたのだ。それは『未来を変える80人——僕らが出会った社会起業家』(シルヴァン・ダニエル、マチュー・ルルー著、永田千奈訳、日経BP社、二〇〇六年)という本になり、合鴨君が紹介された。この本は、フランス語、英語、日本語、韓国語で出版されたそうだ。リヨンにあるテレビ制作会社ラトーセンスの人たちがこの本を読んで、我が家を二度来訪。合鴨の風景に心を奪われ、テレビ番組をつくり、フランスで何度も放映されたらしい。

本とテレビを見て、二〇〇九年に映画監督のジャン＝ポール・ジョーさんが来日。田んぼの合鴨君を撮影して『セヴァンの地球のなおし方』に登場させた(一〇二ページ参照)。主演女優は、カナダ在住の世界的に有名な環境活動家セヴァン・スズキさん。合鴨君は主演男優(?)だろうか。

その後、二〇一三年にフランス南部のモンペリエ市の農業試験場で開催された第一回世界有機稲作会議に招かれ、合鴨水稲同時作の発表を行った（第7章1参照）。モンペリエ市の近くにある湿地帯カマルグは、フランスの稲作地帯だ。そこで、プジョルさんという農民が合鴨水稲同時作を始めていた。息子さんが日本に行ったとき、ホテルで偶然『プロフェッショナル仕事の流儀』（一四〇ページ参照）を見て、父に薦めて始めたという。農業試験場所長のムレさんも合鴨水稲同時作に関心が深く、プジョルさんを技術的に支援していた。プジョルさんが言う。

「フランス人は合鴨君が大好きです。何度もテレビで放映されました」

二〇一四年一一月にはオルレアン市で、「オープンアグリフード、オルレアン」という農と食の国際会議が開催される。合鴨君は招かれ、発表をする予定である。この会議にはハン・マイ・トウイというベトナム人女性が招かれている。彼女は私の本を読んで合鴨水稲同時作を始めたそうだ。

このようにフランスでも縁がつながっていく。起点はハノイだ。

シンクロニシティをどう考えるか

私の合鴨ストーリーを振り返ると、すべての出会いは単なる偶然ではなく、必然のように思える。その節目節目にシンクロニシティは登場している。

シンクロニシティは意識的に得られるものではない。心をニュートラルにしているときに突然向こうからやってきて、私の人生を大転回させ、次々に意外な縁をつないでいった。シンクロニシティは科学的因果関係で説明できないので、迷信のように思われるかもしれない。だが、私の体験に照らすかぎり、それは確実に存在している。

シンクロニシティを体験すると、私たちは自分の力だけで生きているのではなく、目に見えない大きな力で一定の方向に向かって生かされている気がする。たぶん私にとって最大のシンクロニシティは、合鴨君との出会いであろう。それは「同時作」だからこそである。

「共時性」「同時共調性」と「同時作」。稲と合鴨君の出会いも、シンクロニシティそのものである。「一鳥万宝」こそシンクロニシティなのである。もちろん、私と合鴨君との出会いもシンクロニシティだ。私の人生がこの出会いで大転回したからである。

第6章

合鴨君、アジアへ飛翔

ハイフォン(ベトナム)の少年からアヒルを追う白い布のついた棒の使い方を習う私

1 アグリカルチャー・ショック

それは出会いから始まった

合鴨水稲同時作ではいつも、必要なときに必要な人と物が必ず現れる。アジアの旅もそうであった。一九九二年五月、九州大学の図書館にあった中国のアヒルの害虫防除効果についての論文「養鴨除虫概述」（蒲蟄龍著）を、九州大学農学部大学院生の杉浦直之さんが教授の指示で私に届けてくれた。当時、福岡県農業総合試験場の若い研究者がプロジェクトチームを組んで、私の合鴨田を調査していた。私は彼らに尋ねてみた。

「翻訳できる人をだれか知りませんか？」

まるで待っていたような答えが返ってきた

「いまちょうど、試験場で中国人が研修中です」

私は中国科学技術協会の劉翔さんを紹介され、彼の翻訳で文献の内容を理解していく。

そこには、こう記されていた。

「アヒルの水田放し飼いは、一三世紀から一四世紀ごろ、中国南部の農業労働者が実践のなかから創造したものである」

読み進めていくと、私が提唱している合鴨水稲同時作と多くの共通点があるし、相違点もある。私は中国へ行きたいと思った。著者である中山大学（広東省広州）の蒲蟄龍先生に会い、話を聞き、アヒルの水田放し飼いを自然に生んだ風土や暮らしを自分の目で眺めてみたいと思ったのである。

お礼の酒を注ぐ私に、劉さんは言った。

「日本でもっと勉強したいです」

そこで、私はお返しに鹿児島大学の萬田正治先生を紹介した。これが縁となり、彼は鹿児島大学の大学院の試験を受け、みごと合格。奮闘努力の末、「アゾラ―合鴨水稲同時作」で博士号を取得することになる。

翌一九九二年二月、第二回全国合鴨フォーラムが鹿児島市で開かれた。会場で私は一人の台湾人からあいさつを受けた。彼の名は陳恒耀。台湾の有機肥料会社の社長で、流暢な日本語を話す。雑誌『現代農業』の愛読者で、私の合鴨水稲同時作の連載も読んでおり、「台湾の案内は私に任せてください」と申し出てくれた。

その年の風薫る五月、私たち一二人は「アヒルの水田放し飼いに関する調査、研究及び交流」のため、中国と台湾へ旅立つ。一編の論文、そして劉さんと陳さんとの出会いから、アジアの旅が始まった。

それは四一歳の私にとって、初めての海外であった。かつての、まるでカブトエビのように田んぼの草取りをする日々では、海外旅行など夢のまた夢。有機農業をしているかぎり、海外旅行は無理と考えていた。ところが、これまで述べてきたように、合鴨君が状況を変えたのだ。時間的余裕ができ、農業が楽しくなり、海外旅行の話まで舞い込んできた。

日本に輸出される台湾産「合鴨」

私たちは陳さんの案内で、台湾北部のアヒルを見てまわった。台湾ではかつてアヒルの水田放飼が盛んだったそうだが、その後はほとんど見られなくなる。だが、一九九〇年代に入って急速に被害が広がったジャンボタニシ（台湾名は福寿螺）の駆除法として、アヒルが着目され始めていた。

北東部の宣蘭（イーラン）市に、台湾省立畜産試験場がある。アヒル研究の中心だ。ここで合鴨水稲同時作のセミナーを開いていただき、「鴨隻水稲共棲作研討會成功」と大書した花輪で大歓迎を受ける。

そのうえ、台湾のありとあらゆる鴨料理を野外パーティーで披露していただいた。クチバシの唐揚げ、水かきの酢の物、血のソーセージなど、珍しい料理がたくさん含まれてい

河川敷に放されている大量のアヒル

る。日本にはない豊かな水禽食文化を、たっぷり味わった。

日本では、鴨料理は冬場のものと決まっている。台湾には寒い冬がない。一年中、鴨料理を食べている。初めて日本を離れた私には、この当たり前の事実がとても新鮮に感じられた。

台湾は食べ物が豊かで、とても美味しい。面積は三万六〇〇〇㎢で中国のわずか〇・四％という小さな島だが、高い山もあり、海の幸、陸の幸、山の幸に恵まれている。

宣蘭市近郊の大きな川の河川敷には、たいていチェリバレーという白い大きなアヒルが放されていた。その肉は冷凍され、「合鴨」と大書された段ボールに詰められ、大半が日本に輸出されていた。日本の肉屋さんで売られている合鴨は当時、ほとんどが台湾産チェリバレーの肉だったという。鶏の肉を「カシワ」と称するように、日本では昔から合鴨はアヒル肉を指す業界用語である。この台湾産のアヒル肉の合鴨と合鴨水稲同時作の合鴨は、別ものだ。話がややこしい。

チェリバレーが放されている川の上流には工場があり、水はどす黒く濁っている。しかも、放されている数は膨大で、環境汚染、とくにアヒルの糞による水質汚濁は不可避であるという印象を受けた。アヒルも、さらにエビも、日本人の胃袋と台湾（アジア）の環境問題が直結しているようだ。台湾は当時、エビ（ブラックタイガー）養殖の大産地でもあった。

農の原点と千里同風

中国の稲作やアヒルの歴史は古い。稲作は六〇〇〇〜七〇〇〇年前に始まり、アヒルは三五〇〇〜四〇〇〇年前に家禽化されたと言われている。

台北から空路で中国の桂林（広西壮族自治区）へ飛び、中国に帰った劉翔さんの出迎えを受けた。翌朝、近隣の興安県を訪ねる。車窓の風景は、タイムマシンで昔へ戻ったようだ。

村の中を小川が幾筋も流れていた。池ではアヒルやガチョウが水浴びをしている。周囲の田んぼは一面に水が張られ、家族総出で賑やかに田植えをしていた。堆肥を撒いた田んぼを水牛で耕す若者。畦に座り、水牛やアヒルを眺めている老人。竹籠に入れて担いできたアヒルのヒナを早朝の田んぼに放す女性。ヒナたちはパチパチと音をさせながら、元気

道路沿いの小川を船が行き交う（桂林近郊）

よく稲の苗についた虫を食べている。

柳の木が並ぶ用水路では、子どもたちが竹籠で魚やエビをすくっていた。川は岸辺の柳と対話をするように、ゆっくりと流れている。私は昭和三〇年代の日本の農村風景を想い出して、涙が出るほど懐かしい気持ちになった。基盤整備をする前の私の村も用水路や池で囲まれ、第1章で書いたように、夏になると私は毎日しょうけで魚獲りをしていた。

いつのまにか私は、中国の農村風景に昔の私の村の姿を重ねていた。そして、失ってしまったものの大切さをはっきりと気づかされた。人間と自然が調和し、生活と生産が一体となった農の「原点」を、私はそこに見た。こうした風土のなかから、自然に一〇〇〇年近い歴史と伝統をもつ養鴨の水田放飼技術が生まれ、続いていた。目の前にある農業と生活は、一〇〇〇年前と本質的に同じリズムだった。

昔からアヒルによる防除が行われていた

広州では、まず華南農業大学で、私たちのためにアヒルの水田放飼のセミナーが開かれた。とりわけ、包世増先生による四川省で行われてきた種アヒルの放牧の話が印象深かった。春は麦畑や菜種畑に、夏は水田に、秋は刈り取りの終わった田んぼに、冬は丘陵や山へ放牧する、いわばアヒルの輪牧である。私たちが合鴨水稲同時作の現状と考え方を披露すると、包先生が言われた。

「竹柵で水田を囲み、日本式の合鴨水稲同時作の試験をしてみたい」

中山大学は、東南アジア各国から学生が来ている。ここでも熱烈歓迎であった。蒲蟄龍先生（中山大学生命科学学院長）の出迎えを受け、中国の伝統的害虫防除法について教えていただく。この旅が蒲先生の著書『養鴨除虫概述』との出会いから始まったことは、すでに述べたとおりである。

『中国古代農業史』（中国農業博物館農史研究室編、陳延貴訳）によると、中国では明の時代（一三六八〜一六四四年）からイナゴ（バッタ科のイネの害虫）をアヒルで防除していた。アヒルを放す最適の時期は、イナゴが羽化する二〇日間くらい前である。また、一羽のアヒルは人間一人に匹敵し、四〇羽のアヒルは約四万匹のイナゴを消滅できるという。この技術は安徽（アンホイ）省の蕪湖（ウーフー）や江蘇（チャンスー）省の無錫（ウーシー）に普及し、顕著な効果が現れたそうだ。

図9の「養鴨治蝗示意図」は、私が興安県で見たアヒル水田放飼の光景とまったく同じである。興安県でも竹籠にアヒルを入れ、女性が天秤棒で担いできて水田に放していた。

図9　養鴨治蝗示意図

（出典）『中国古代農業科技史図説』。

この図がいつごろ描かれたものかはわからないが、これは昔から中国でふつうに見られた光景であることを示唆している。この図から次の四点がわかる。

①水田に柵がない。

②イナゴが発生したときにアヒルを水田に放している。合鴨水稲同時作のように稲と合鴨を同時に育てる方法では

ない。

③放しているアヒルが合鴨水稲同時作に比べて大きい。

④イナゴの生態を理解し、それに応じてアヒルを放している。

中国では、竹柵や網などの囲いのない水田の中をアヒルのヒナが自由に泳いでいた。主目的は、アヒルの餌を得ることにあるようだ。水田を囲い、その中で合鴨と稲を同時に育てていく合鴨水稲同時作の発想とは、趣きが違うように思えた。

また、広西師範大学でも張階先生から中国のアヒルの話を聞き、帰りに「千里同風」という掛け軸をいただいた。本来は「世の中がよく治まっていて平和である」という意味だが、「同じアジアという広い心で、ともに合鴨水稲同時作を研究していきましょう」という目の覚めるような指摘と、私は受けとめている。

魚米鴨の里をつくりたい

台湾と中国の農業の見聞は、私にとって「アグリカルチャー・ショック」だった。私たちが農業近代化の過程で忘れてきた、もう一つの豊かさを実感したからである。

本来、農業は自然環境全体に依存する仕事であったはずだ。ところが、日本農業の近代化の過程は、自然環境からのかぎりない離脱だったのではないだろうか。画一的な基盤整備、季節のないハウス園芸、単純な規模拡大、そして減反、農薬の普及、農村の衰退……。

中国の農村を見て、日本農業の再生の道は農村の自然環境の再生にこそあると強く確信した。中国では、米と魚介類が豊かな農村地帯を古くから「魚米之郷」と称する。浙江（チョーチャン）省がその代表である。私は、米とドジョウ、そして合鴨が豊かな魚米鴨の里を実現したいとこの旅であらためて思った。

2　アジアに学ぶ水禽文化

熱帯インドネシアのアヒルたち

「アイ・アム・ア・ファーマー」

私は一九九三年九月にインドネシアの首都ジャカルタへ向かう飛行機で、隣席の男に下手な英語で話しかけてみた。彼の陽焼けした顔と節くれ立った手が目につき、農民にちがいないと直感したからである。

「アイ・アム・ア・ファーマー・トゥ」

明るい答えが返ってくる。彼は、マレーシアでの出稼ぎを終わって帰国の途につくジャワ島の農民だった。私たちは下手な英語で農業について話し、ジャカルタのスカルノハッタ国際空港に着くころには、同じアジアの小農としての連帯感みたいなものが生まれていた。それ以来、私は自信と誇りをもって、「アイ・アム・ア・ファーマー」という言葉をアジアのどこでも使っている。これはインターナショナルだ。

図10　インドネシアの主要部

熱帯の街ジャカルタの太陽は強烈だった。

「こんな暑い国に、アヒルが本当にいるとやろうか」

遅れて到着する九州大学の藤原昇先生と鹿児島大学の萬田正治先生を待ちながら、私は空港のロビーでそんなことを考えていた。だが、実際には、事実は逆である。暑い熱帯では、一般に鶏の産卵率は低い。一方、水禽類のアヒルは暑さに強く、雑食で、天然の餌

（落ち穂、雑草、小魚、小エビ、カエルなど）でけっこう卵を産む。だから、アジアの水田地帯ではアヒルがたくさん飼われている。

私たちはこのインドネシアの旅でジャワ島、バリ島、カリマンタン（ボルネオ）島を訪ね、アヒル飼養の現地調査をした（図10）。インドネシアは世界第三位のアヒル王国で、当時は約二五〇〇万羽のアヒルが飼われていた。アヒルには肉用種と卵用種があるが、インドネシアのアヒルはほとんどが卵用種。この国で消費される卵の約四分の一は、アヒルの卵であるという。インドネシア人はトロール・アシンというアヒルの塩漬け卵を好んで食べる。

インドネシアのアヒルは各地で独自に品種改良され、その土地の気候と風土に適合した品種が多い。代表的品種は、ツィガール、モジョサリ、アラビオ、バリなど。これらのヒナを生産している村をいくつか訪ねた。

東ジャワ州の中心地スラバヤに近いモジョクルト県モジョサリ郡モドプロ村では、モジョサリのヒナが生産されていた。家の庭先に竹や木で簡単な囲いをつくり、その中で種アヒルを飼っている。種卵（種アヒルを生産するために孵卵に供する卵）を生産したり、ヒナをたくさん育てるのだ。

カリマンタン島南部の中心地バンジャルマシンから北東の方向にジャングルの中の一本道をひたすらジープで走ると、アムンタイ郡アマル村に着く。この村の家は高床式。床下

種アヒルを飼う簡単な囲い前に立つ、若くてハンサムな私

で種アヒルを飼い、卵を生産している。高床の上は、すのこや板張りだ。ここでは、鳴き声による雌雄鑑別法を習った。一般に、雌アヒルは声が高くてよく鳴き、雄アヒルは声が低くてほとんど鳴かないという。ベトナムでは「二人の女性と一羽のアヒルで市場ができる」ということわざさえあるそうだ。

カリマンタン・ショック

カリマンタン島の面積は約七四万㎢。日本の二倍である。見渡すかぎりジャングルだ。アマル村へ行く途中、広大な湿原があった。人びとは高床式の家屋を湿原の縁に建てて暮らす。アヒルは昼間は湿原で遊ばせ、夜間は床下に収容する。この湿原では、田んぼもとてつもなく広く、自由にどこにでもつくられている感じだ。大自然を無理に改造したりせずに、与えられた地形をそのまま利用して生活する風景に接したとき、私は言葉を失ってしまった。「合鴨水稲同時作は自然と人間の調和」などと言うことは、ここではおこがましい。カリマンタン・ショックである。

ジャングルの中を黒色の川が貫流している。舟はカリマンタン島の主要交通手段だ。河口のバンジャルマシンには、バナナ、魚、野菜、米、肉、日用雑貨品を満載した小舟が集まり、売り買いをしている。水上市である。ここで食べたテナガエビとゆでた亀の卵は、なかなかの絶品だった。

私たちが乗った舟は、たくさんの舟のあいだをぶつかりそうになりながら上手に進んで行く。仮にぶつかっても、何の問題もない。水の中なので、ぶつかればすべり、後退するだけだ。車(社会)ではできないふれあいであり、インドネシアの自然と伝統の豊かさの象徴でもある。

連綿と続くアヒル遊牧民

インドネシアのアヒル飼育は伝統的に、稲作と関連して発達してきたようだ。二〇世紀のなかばまで「ソントロヨ」と呼ばれるアヒル飼いがいたという。ソントロヨは定住場所をもたず、稲刈りが終わった広大な水田地帯にアヒルを放し、次々と移動しながら家族で

インドネシアにはアヒルの銅像があった

旅を続けていた。アヒルは、田んぼの落ち穂や草や虫や小魚を食べて卵を産んだ。近代的畜産では、家畜は小屋で飼われ、餌は人間が与える。ソントロヨ方式では、人間と家畜が餌を求めて移動していく。省資源・省力タイプの畜産と言えるだろう。

遊牧民と言えば、私たちはたいていモンゴルの羊飼いを連想する。だが、ソントロヨは稲作地帯の遊牧民だ。どこまでもどこまでも果てしなく続くジャワの大水田地帯をアヒル遊牧民一家がアヒルを追っていく姿は、想像しただけで楽しくなる。西ジャワ州のチルボンという街の近くには、いまでもソントロヨがいるそうだ。ぜひ一度会ってみたい。

中国の海南島にも、戦前はアヒル遊牧民がいたという。彼らは、川沿いにアヒルを追って旅を続けた。そして、河口の大きな街に到着するころ、ほどよく太ったアヒルを売り、現金を得て帰郷したそうだ。ベトナム中部のフエ省にも、「ヌイビット・チェイドン」というアヒル遊牧民が近年までいたし、フィリピンのミンダナ島北部のブオドノン高原にも、アヒル遊牧民がいるという。

アジア各国で似たような話を聞いた。定住稲作農民の田んぼの中を、遊牧民がアヒルを追っていく。そんなのどかで豊かな水禽文化が、アジアにはあったのである。

近代化にゆれるアヒル

藤原先生と萬田先生の主目的は、インドネシアのアヒル飼育の実態調査である。一方、私の関心事はアヒルの水田放飼。「インドネシアでは、田植え後の田んぼにアヒルを放しているのだろうか」。私は、農業省畜産局、ボゴール農科大学、ディポネグロ大学（スマラン）、東ジャワ州畜産局、南カリマンタン州畜産局など各地で、この質問をした。意外なことに、どこで尋ねても回答は同じだった。

「インドネシアのアヒルの水田放飼は、ポストハーベストつまり稲刈り後です。稲の苗が植わっている田植え後に放すというのは、聞いたことがありません」

たしかに、この半世紀のインドネシアのアヒル水田放飼はソントロヨ方式を継承して、収穫後の田んぼに昼間アヒルを放し(刈り田飼い)、夜は小屋に収容する方式だったらしい。ところが近年は、農業の近代化で農薬を使いすぎたために、アヒルが死亡したり、餌となる籾が汚染されたり、田んぼの小魚やカエルやエビが少なくなってしまった。その結果ポストハーベスト放飼がむずかしくなり、政府は田んぼと完全に分離した舎飼い方式を推奨している。だが、この方式では、農民は餌を購入せねばならない。私たちが見学したアヒル農家は、アメリカの巨大穀物商社カーギル社のペレット状の餌を購入していた。

インドネシアでも合鴨水稲同時作が広がり、田植え後も稲刈り後も田んぼでアヒルが遊び、無農薬の米と鴨肉が生産されればいいと、私は思った。このまま農業の近代化が進めば、インドネシアはアヒル王国ではなくなるかもしれない。

旅の終わりにバリ島で、青田にアヒルを放している光景を車窓から見つけた。車を下りてよく見ると、田んぼのあちこちに、木の枝を用いた簡単な囲いがつくられている。昼間この囲いから放し、夕方五時に中に入れ、餌はサゴヤシを与えるそうだ。放飼時のアヒルは生後一カ月。これより早いと鷹に襲われる。放す時期は田植え後一カ月だという。稲が十分大きくなっていて、他人の田んぼに入っても傷つける心配がないからだという。

刈り田飼いの方法も、詳細に聞いた。アヒルが生まれたら、常に声をかけながら、クズ米やサゴヤシを与える。生後一カ月で刈り田へ。マジックスティック(先端に白い布を付けたアヒル追い棒）でグループ別に追っていく。一グループ、最大二〇〇羽。夕方帰宅するときは声をかけて連れ帰り、家で餌を与えるそうだ。

私たちのわずかな見聞から判断するかぎり、一般に広く行われている刈り田飼いでもバリ島で見た青田飼いでも、ヒナの特別な訓練はしていない。なお、刈り田飼いで誤って出穂後の他人の田んぼへ侵入した場合は、持ち主に罰金を支払うという。昔からそうしたトラブルがたびたびあったことが示唆される。

話は飛んで一九九九年八月。ベトナムのハイノ農業大学で、第三回アジア合鴨シンポジウムが開催された。うれしいことに、インドネシアから三名の参加があった。

「今度の経済危機（一九九七〜九八年のアジア通貨・金融危機）で、インドネシアの農民は農薬や化学肥料が買えなくなりました。そこで、これらを使用しないですむ合鴨水稲同時作を勉強したいのです」

ようやくインドネシアでも、合鴨君の出番がきたのである。

「アヒルを食べた犬は人間が食べる」ベトナム

人はだれでも、すぐに鮮明に想い出せる光景がいくつかある。私にとっては、ベトナムのハイフォンにあるＳＡＰセンター（持続的農業研究所＝Sustainable Agriculture Promotion

Center)で一九九四年三月に見た光景が、そのひとつだ。研究所の試験田には、簡単に竹柵だけで囲まれた区と、電気柵と竹柵で囲まれた区の二つが併設されていた。雑草も害虫もいない美しい田んぼのなかを、アヒルが悠然と泳いでいる。

「ニューさん、竹柵だけだと、犬がアヒルを襲うでしょう」

所長のニューさんが、陽焼けした顔を微笑ませながら言った。

「竹柵だけでも大丈夫です。もし犬がアヒルを襲ったら、人間がその犬を食べます。長い歴史のなかで、それを繰り返してきました。だから、日ごろアヒルを見ている犬は、めったにアヒルを襲いません」

実際にハノイの街角では、飴色にこんがりと焼かれた犬が売られていた。恐ろしい顔つきだった。私が三年間、犬に田んぼの合鴨のヒナを襲われ、苦しい闘いの末に電気柵にたどり着いたことは、すでに書いたとおりである。

だから、野生動物や野良犬が多いにちがいないベトナムでは、電気柵は必需品と勝手に思い込んでいた。そこで私は、出発の一カ月前に、ベトナムへ拙著『合鴨ばんざい』とビデオとともに電気柵を送り、試験田を囲むように依頼していたのだ。それが、なんと簡単な竹柵だけで外敵防御ができるとは。私はベトナムの水禽文化の奥深さに、またまたアグリカルチャー・ショックを受けてしまった。

ニューさんの答えで、私はアジアについて何も知らないことを教えられた。それ以降、私はアジアへ「教え」にではなく「学び」に行くことにしている。

ベトナム初の試験は大成功だ。雑草も害虫もなく、稲は丈夫に育っていた。ここで私は、アジアにおける合鴨水稲同時作の可能性を直感する。

このとき、私と妻は萬田先生夫妻とともに、ＪＶＣからベトナムへ派遣されていた。目的は、合鴨水稲同時作をとおしたベトナムの農民や研究者との交流である。私は小学校三年生の長女・富士子を連れていった。案内はＪＶＣのベトナム担当・稲見圭さんと鈴木章子さん。これがベトナムにおける合鴨水稲同時作の始まりである。以後、私はベトナムが大好きになり、現在に至るまで何回も訪越し、合鴨農民交流を続け、多くを学ばせていただいている。

猥雑性、泥つきの多様性

熱帯の国ベトナム。そんな思い込みがあったので、私たちは福岡空港のコインロッカーにコートを預けて飛行機に乗り込んだ。ところが、着いたハノイは、ジャンパーやセーターがほしくなる寒さであった。

地図を広げればわかる。ハノイの東のトンキン湾に浮かぶ海南島（ハイナン）が、南からの暖流をさ

図11　南北に細長いベトナム

えぎっている(図11)。だから、この時期のハノイはいつも雲が低く垂れこめ、小雨の降る肌寒い陰鬱な日々が続くという。

もちろん、ハノイは人びとまでが陰鬱なわけでは決してない。驚くほど多くの自転車、シクロ(自転車タクシー)、バイク、車が始終クラクションを鳴らしながら、雑然と走っていた。「ノン」と呼ばれる菅笠をかぶり、天秤棒を担いだ農民が、その道路を悠然と渡って行く。

私は市場が大好きで、初めての街では必ず市場へ行く。ハノイ最大のドンスアン市場も、人と物であふれていた。日本で穫れる野菜は、ほとんど見られる。熱帯の野菜や果物、肉、魚、布、服、雑貨など、なんでもある。驚いたことに、巨大なニシキヘビやトカゲ、穿山甲(せんざんこう)(東南アジアに多い哺乳類。アリやシロアリを食べる)やネコまで、売られている。

この市場の片隅で、興味深い光景を見た。店頭に出す直前の鶏の口をこじ開けて、白いプリンのような餌を無理矢理、食道が丸く膨らむまで与え続けていたのだ。目方を増やして高く売るという経済行為とも見られるし、死にのぞむ直前ぐらい腹いっぱい食べさせてやりたいという小乗仏教（上座部仏教。釈迦の教えを純粋な形で保存してきたとされる）の慈悲行為ともとれる。あるいは、両方を兼ね合わせた行為かもしれない。

ハノイは、近代的ビルが建ち並ぶ均質で画一的な管理された都市ではなかった。農村社会の雑然とした泥つきの多様性が、街中に共存している。この猥雑性こそ東南アジアの特徴であり、活力である。稲だけではなく、合鴨やドジョウも育つ私の合鴨田も、アジアの街のように猥雑である。

アヒル王国の知恵

飛行機がハノイに近づくと、眼下に広大な緑の平野が見えてくる。その中を赤い蛇のような大河が流れている。紅河（ホンハ川）である。紅河デルタのハノイとハイフォンを結ぶ国道沿いは、見渡すかぎりの水田地帯。山は見えず、水路の土手沿いにユーカリが植えられている。田んぼには、多くの人が出て働いていた。村には必ず用水路と池があり、アヒルが楽しげに泳ぎ、竹でつくった魚獲り用の四手（よつで）網（四隅を竹で張り、広げた四角い網）が仕掛けられている。

ハノイ近郊では、一〇歳ぐらいの少年がおよそ一〇〇羽のアヒルを追って家路を急ぐ光

国道を悠然と渡るアヒルたち(ハノイ近郊、1994 年)

景を見た。車がひっきりなしに猛スピードで走る道幅の広い国道を、アヒルといっしょに平然と渡っていくのだ。実際にやってみるとわかるが、かなりむずかしい高級技術である。私はこの光景に接した瞬間、アヒル王国ベトナムへ来たことを強く実感した。

北部や中部では、農家一戸あたりの耕地面積は二〇〜三〇アール。狭い耕地を裸足の農民が、水牛や牛に犂を引かせて耕している。田植えは手植え、除草は手取り、収穫は鎌。稲わらはすべて、牛の餌と燃料にしているという。

フエはベトナム中部の中心都市だ。ハノイより緑が多く、広々としていて、静かで落ちついていた。フエを貫流する香江(フォンザン川)の水は、源流の山岳地帯からの距離が比較的短いためか、驚くほど澄み切っていた。ベトナムの川は、たいてい赤褐色に濁って、ゆっくり流れているが、香江だけは美しい。

フエは昔から学問と美人の都市として有名である。フエ省などベトナム中部には、北部や南部のような肥沃な大デルタ地帯はない。ごく狭い水田地帯を除けば、海岸部の痩せた白砂地帯と丘陵・山岳地帯である。経済的にはベトナムでもっとも貧しい。

フエ農業大学の若手研究者に案内していただき、平野部の水田地帯にある合作社で、用水路を活用したアヒル飼育を見た。水田の中をゆっくりと流れる用水路の土手に、三メートル×五メートル程度の広さの簡素な小屋が五〇メートル間隔で建っている。昼間、用水路でアヒルを自由に遊ばせ、夜間はこの小屋に収容するのである。小屋にはベッドが置かれていた。夜間にアヒルの見張りをするために泊まり込むのだろう。一つの小屋に、二〇〇～三〇〇羽が飼われていた。

最初に見たアヒル小屋の前を流れる用水路の真ん中に、高さ約五〇センチの人形が立ててある。最初は私たちを驚かすために面白半分に立てたのだと思ったが、よく聞いてみると違っていた。この用水路の利用者にはそれぞれの縄張りがあり、人形はその境界に立てられているのだ。

「この人形を立てておくと、これ以上アヒルは上流に上がりません」

フエ農業大学の先生が、私たちに笑顔で説明した。

たしかに、アヒルは人形の前まで来ると立ち止まり、Uターンしている。嘘のような本

用水路の左岸にいるアヒルは、人形を越えて対岸へは行かない

当の話だ。長い歴史と伝統のなかから編み出された、アヒル王国の知恵であろうか。本当のことは、わからないが……。

「来い、来い」に反応するアジアのアヒル

フエより南へ行くには、ハイヴァン峠（海雲関）を越える。この峠で、ベトナムの気候は分かれる。不思議なことに、峠に立つと、それまで低く垂れこめていた雲が切れ、急に明るくなった。

峠の南側のダナンは、旧南ベトナム。フエやハノイと異なり夏の気候だった。人びとはみな半袖で歩いている。ダナンは、ベトナム戦争でアメリカ軍が一九六五年に上陸して基地を建設した、天然の良港である。私たちはダナンからホーチミンへ飛んだ。ホーチミン農林大学を訪

れ、合鴨水稲同時作の話をするためである。

ベトナムには一九九四年当時、約四〇〇〇万羽のアヒルがいて（世界第二位）、そのうち三分の二が南部で飼われていた。ホーチミンに近い早朝のカチ郡で、アヒルの行列を見た。ちょうど、国道上を約六〇〇羽のアヒルが一列に並んで歩いていたのだ。まだ朝露も落ちていない水田地帯の一本道を、朝日を浴びながら六〇〇羽のアヒルが二人の人間に前後をはさまれて、ゆっくりと歩いてくる。さながら、一幅の絵のようであった。

この地方では、生後二〇日まで家にある小屋で育てた後、田んぼへ放す。飼主は竹柵の中に帰ってきたアヒルに「ホホホ、ホホホ」という声をかけながら、餌を与えていた。ヒナのときから「ホホホ」と声をかけて餌を与えると、大きくなっても、この声を聞けば条件反射的に集まってくるという。

私はどの国に行っても、日本語で「来い、来い」とアヒルに声をかけてみる。すると、ほとんどの場合、アヒルの群れは反応して集まってくる。アヒルには、日本語もベトナム語も韓国語も中国語も、同じ人間の音として聞こえるのだろうか。もっとも、中国語で「来い、来い」は「来来（ライライ）」という。似ていなくもない。

図12　中国の揚子江流域

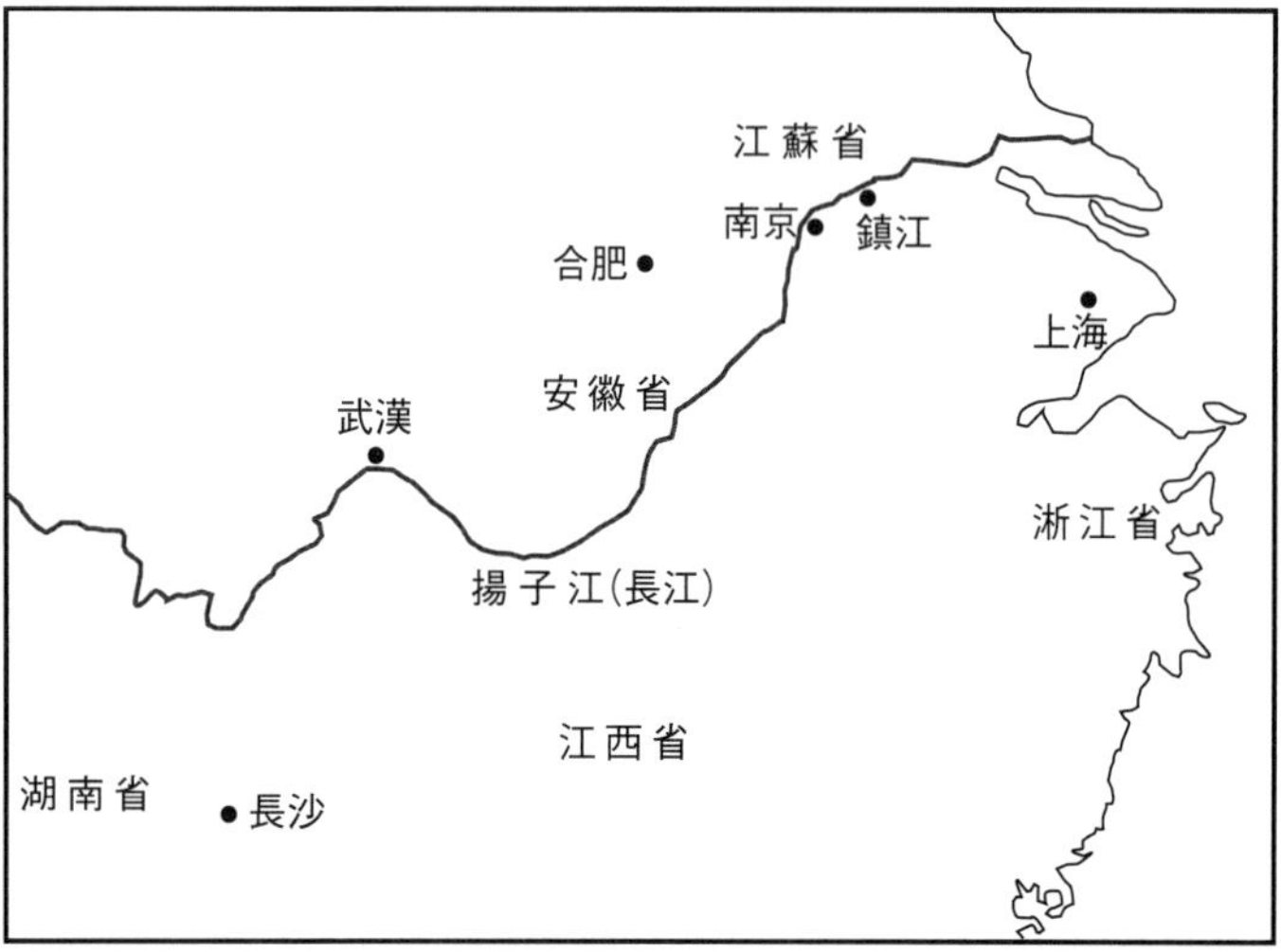

3 合鴨君、中国へ飛ぶ

菜の花の風景

二〇〇〇年の三月、私たち夫婦と萬田先生夫妻は中国に招かれ、安徽省合肥（ホーフェイ）市の安徽省農業科学院、江蘇省鎮江（チェンチアン）市の鎮江市科学技術委員会、湖南（フーナン）省長沙（チャンシャー）市の湖南農業大学を訪問。合鴨水稲同時作の交流をしてきた。地図を開けばよくわかるが、前二者は揚子江（長江）の下流域、後者は中流域に位置する（図12）。相互に連絡し合ったわけではないが、なぜか同じころに訪中を依頼してこられた。

一八〇ページでふれたように、私が提唱

する合鴨水稲同時作と中国の伝統的アヒル水田放飼技術は、根本的に違う。私たちが訪れたのは、この三カ所で合鴨水稲同時作の本格的試験が始まるからだ。私の知るかぎり、中国初の合鴨水稲同時作の試験である。

安徽省や江蘇省の春は浅く、野山の草は枯れていた。そのためか、田んぼの菜種や小麦の緑が春の光のなかでひときわ鮮やかだ。ときおり、柄の長い唐鍬で中耕している農民がいた。日本で唐鍬と呼ぶのは、唐（中国）から渡ってきたためだろうか。

丘の上にはレンガ造りの小さな農家が点在し、のどかな早春の風景がどこまでも広がっていた。一方、南に位置する湖南省は暖かく、水田にはすでに水が入り、水牛で耕したり、苗代に種を播く作業が始まっていた。菜の花は満開。地のはてまで黄色の海だった。

とにかく中国は広い。人口約一三・五億人（二〇一二年）、耕地面積約一億一一六〇万ヘクタール（二〇一一年）。湖南省だけで人口は約六八〇〇万人（二〇〇六年）で、面積は日本の六割近くもある。安徽省だけで五〇〇〇万人以上の農民がいるという。そして、世界中のアヒルの六〇％を占める、世界一のアヒル飼育国である。

生態農業への関心

江蘇省では鎮江市のすぐ南にある丹陽（タンヤン）市延領鎮で合鴨水稲同時作のワークショップが開

かれ、スライドを見ながら説明を聞く。

「丹陽市では高収量米をつくっており、収量は一ムー(六六七㎡)あたり六〇〇～八〇〇キロ(籾換算)です。殺虫剤を五回、殺菌剤を四回撒き、ヒエは人力で抜きます。中国の農業は化学肥料や農薬を大量に使って増収しましたが、結局、農産物価格は安くなりました。そこで始まったのが生態農業です。

丹陽市では六〇万ムー(約四万ha)のうち一〇万ムー(約六七〇〇ha)で、生態農業を行っています。有機肥料のみを使用し、化学肥料や農薬は使いません。ただし、除草剤は少し使います。害虫防除のためにテントウ虫やクモを放飼。BT剤(生物農薬)も使います。また、政府はカエルを取ることを禁じました。生態農業でつくられた野菜は、北京や南京などの大都会で(慣行栽培の野菜より)三〇～五〇%高く売れます」

中国各地にこうした生態農業モデル地区があるという。ただし、湖南農業大学の畜産の先生たちは、私たちのスライドを見て「中国では農薬を使いすぎているので、放したアヒルに悪影響が出るのではないか」と心配されていた。湖南省では一九九八年に、農薬を使った野菜を市場で買って食べた消費者が急死した事件が新聞に報道されたという。なお、一ムーあたり六〇〇～八〇〇キロは、一〇アール換算で九〇〇～一二〇〇キロにもなる。日本の収量からすると、きわめて高い。

鎮江市人民政府が開いた歓迎夕食会

湖南省の省都・長沙市近郊の稲の苗は、ポット苗であった。直径一センチぐらいのポットが並んだ苗箱を苗代の土の上に置き、赤土を入れ、手で種をバラ播き（一穴六〜七粒）する。ポットの底には穴が開いている。育苗期間は三〇日だ。

田植えは、ポットから土のついたままの苗を取り出し、空中に投げて植える。いわゆる空中田植えである。土つきのポット苗なので、苗取りのときに根が切れないためだろうか。腰を曲げて行う田植えよりかなり楽で、収量も多いそうだ。

日本では田植機の普及以降はめったに見られないが、これは日本から伝わった技術である。それが中国の稲作の中心である湖南省で広がっているのは興味深い。この技術は除草剤とセットになっているが、一般の農民が高価な田植機を買えない中国では適正技術なのだろう。ちなみに、ここでも農家一戸あたりの耕地面積は二〇アール程度にすぎない。

江蘇省や安徽省の高級レストランでは、こう言われた。

「この野菜は天然もの（野草）です。安心して食べてください」

笑えないブラックユーモアである。

三地域とも平野の穀倉地帯であるためか、多肥・多農薬・多収穫の農業から生態農業に関心が向かっているという印象をうけた。

合鴨（アヒル）水稲同時作の可能性

こうした農業事情の中国に合鴨君は招かれたのである。はたして、合鴨（アヒル）水稲同時作が広がる可能性はあるのだろうか。

「孵化させたいので、日本の合鴨のヒナを譲ってください」とアジアの国々でよく言われる。合鴨は日本人のようによく働く特別の鴨であり、「鴨類と水稲の同時作を成功させるカギは合鴨にあり」というわけだ。しかし、これは完璧なる誤解である。

一般に、各国の各地域の土着のアヒルこそ、最適品種と考えてよい。中国は広く、アヒルの品種も多い。肉用・卵用・卵肉兼用あわせて二〇種類以上のアヒルがいる。私たちはこの旅で三種類のアヒルを見た。

まず巣湖麻鴨（チャオフーマーヤー）。安徽省の卵肉兼用種だ。体格は強大で、三・五キロと日本の合鴨の二倍程度ある。合肥市郊外の田んぼの中を小さな小川が流れていた。二〇〇羽近い巣湖麻鴨が両岸の葦の中に首を突っ込んで、何かを食べている。見張りの男が一人で小船を操り、鴨を追っていた。何千年と続いてきた風景であろう。

丹陽市では特産の高郵鴨（ガオヨウヤー）を見た。やはり卵肉兼用種だ。こちらは日本の合鴨よりやや小型で、動作は機敏。生後八三～一〇〇日で産卵を開始し、一年間に三〇〇個近く産むそうだ。長沙市近郊では、春草の生えた田んぼの中で白色のアヒルを放し飼いしていた。この地方で湖鴨（フーヤー）という品種で、これも産卵数は年間三〇〇個という。

いずれのアヒルも、産地は湖沼地帯である。これらの品種を見るだけでも、日本と違った合鴨水稲同時作の可能性が示唆される。たとえば、高郵鴨はきわめて短期間で産卵を開始するので、田んぼから引き上げるころには卵を産み始めるだろう。日本の合鴨は肉用品種だから、日本ではまだ行われた経験がない、卵肉兼用のアヒルによる愉快な合鴨水稲同時作である。体格強大な巣湖麻鴨も現地で飼われている大型の鴨だから、適正品種と考えられる。

稲作の状況もいろいろだ。合肥市の近くの肥東（フェイトン）県では五月下旬に田植えし、九月下旬に収穫する。苗は播種後の畑状態で三五日間育て、手植えの一本植えだ。栽植密度は一七センチ×二〇センチだった。丹陽市では六月中旬に田植えし、一〇月下旬に収穫する。苗代で三〇日間育てた苗の三本植えで、栽植密度は二〇センチ×三〇センチ。湖南省では、先にふれたようにポット苗で空中田植えだ。

いずれも苗は三〇日以上の中成苗で、合鴨水稲同時作にちょうどよいと思われる。ただし、一七センチ×二〇センチという栽植密度の高さと多肥の習慣が気になる。

三地域とも、合鴨水稲同時作の試験区は意外に広かった。とくに丹陽市は二ヘクタールもある。田んぼの横には、立派なレンガの家が建設中であった。

「何ですか、あれは」

「試験区の監視所です」

「アヒル泥棒を見張るのです」

日本では、合鴨の外敵は犬やカラスやイタチである。ところが、中国では人間がアヒルの最大の外敵になるだろうと言われる。これに対しては、私たちの体験は役に立ちそうもない。また、電気柵を中国農民が使用するのは、経済的理由で無理かもしれない。

それでも、一応日本式の電気柵で試験区を囲んでいただくことにした。この試験で収量や収益や生物多様性などで良好な結果が出たならば、中国の実情に合わせて、たとえば電気柵を使用しない方法を自力で工夫していただくわけである（試験用の電気柵は、末松電子製作所のご厚意で贈呈された）。

アジアにおける合鴨水稲同時作の広がりには、大きく分けて二つのタイプがある。

①先進国型＝農業近代化が進んだ結果、合鴨水稲同時作に至るタイプ（日本、韓国）

②発展途上国型＝伝統農業あるいは農業近代化のごく初期段階で合鴨水稲同時作に至るタイプ（ベトナム、フィリピン、ラオス、ミャンマーなど）。

中国の三地域の農業を見るかぎり、明らかに先進国型と言ってよいだろう。これは、意外であった。

世界一のアヒル王国・中国こそ当然、合鴨水稲同時作の世界一の適地になる可能性がある。この交流は始まったばかりだ。今後も交流を続けて、合鴨水稲同時作をアジアの共通技術にしたい。

中国の合鴨水稲同時作の広がり

第四回アジア合鴨シンポジウムは二〇〇四年七月一八日から、鎮江市で開催された。冒頭の主催者挨拶で、中国農業部の封槐松課長は「今年度、中国全土で、稲鴨共作（合鴨水稲同時作）は二〇万haまで広がった」と報告された。二〇万haは同年の九州の水稲作付面

表4　中国の合鴨水稲同時作の面積（2006年）

湖南省	54,000ha
浙江省	33,300ha
安徽省	30,000ha
四川省	16,000ha
江蘇省	960ha
吉林省	300ha
黒龍江省	100ha
新疆ウイグル自治区	100ha
河南省	66ha
合　計	134,826ha

（出典）鎮江市科学技術局、安徽省農業科学院畜牧獣医研究所などから提供されたアンケート調査より。ただし、概数である。

積に匹敵する。九州のどの田んぼにも合鴨がいるのと同じ状態だから、その広がり方には驚かされる。

合鴨水稲同時作は、中国でさまざまな呼称がある。江蘇省では「稲鴨共作」、安徽省と雲南省では「稲鴨共生」、四川省では「稲鴨共棲」、北京では「稲鴨共淤」と呼ばれている。また、伝統的アヒル水田放飼農法は「稲田養鴨」という。

二〇〇六年の合鴨水稲同時作の面積は表4のとおりである。このほか、湖北省（フーペイ）、広東（コワントン）省、遼寧省（リャオニン）なども広がっている。

二〇〇八年四月には安徽省農業科学院に招かれ、合肥の南約一五〇キロにある安慶市（アンチン）望江県の合鴨水稲同時作のモデル基地を視察した。実施面積は一三三四ha。季節には四〇万羽のアヒルのヒナが水田放飼されるという。たしかに、地の果てまでトタンで造ったアヒル小屋が続いている。一〇〇〇haを越す合鴨団地は初めて見たが、実に壮観であった。

4 アジアに広がる合鴨水稲同時作

物事は、できるかぎり広い視点に立つほうがよくわかる。合鴨水稲同時作も、アジアという広い視点に立つと、いろいろなことが見えてくる。

アジアには、水鳥との長いつきあいの歴史と伝統がある。私はアジアの水鳥文化をとおして多くを学んだ。鴨の品種、孵化技術、飼養管理法、料理法、アゾラ、魚、直播き……。ここでは、合鴨水稲同時作の交流をとおして見えてきたアジアの農業と、アジアをとおして見えてきた合鴨水稲同時作についてまとめたい。なお、アジアではアヒルが一般的だが、ここでは総称として合鴨水稲同時作と表記する。

環境保全型農業の先進国アジアに学ぶ

炎天下、裸足で水牛を操り、黙々と小さな田んぼを耕し続ける若者。並んでおしゃべりしながら、田んぼの草を取る少女たち。何百羽というアヒルを竹竿一本で追っていく男たち。二本の櫂を胸の前で交差させて、体重を櫂にあずけるように、稲を積んだ舟を漕ぐ女性。水牛の背に乗って夕暮れの道を帰る少年。田んぼの神様にお供えをする老女。

私が見た村は必ず水路や池で囲まれ、アヒルが楽しげに泳いでいた。田んぼにはたくさんの魚がいた。人びとは水路の水を飲み、夕暮れには四手網で魚を獲り、夕食のおかずにしている。

アジアの多くの農業は、ゆっくりしたリズムの伝統農業だ。それに対して「まだ牛で田んぼを耕している。五〇年遅れている」というのが、日本人の平均的理解だろう。農業委員会の視察旅行でアジアに行った我が村の百姓衆も、異口同音に「アジアの農業は遅れている」と言っていた。

だが、本当に、そう単純に言い切れるのだろうか。実際にアジアの田んぼに立ち、農民たちと交流してみると、この見方のおかしさに気づかされる。そして、深く考えさせられる。まず、それらを列挙してみよう。

①アジアの国ぐにには、それぞれ固有の歴史と文化と伝統がある。それを遅れているとか進んでいるとか、普遍的価値観で一律に判断できないのではないか。

②近代化は、すべての人類にとって当然たどるべき道筋なのか。急激な近代化や市場経済の導入で、アジアの人たちは本当に幸せになるのだろうか。近代化こそ、自然環境を壊し、貧富の格差をより広げる原因ではないのか。

③有限の地球で、ほとんどの発展途上国が先進国並みになることは本当に可能なのか。

④日本がアジアの簡素な暮らし（シンプル・ライフ）に学ぶべきではないのか。
⑤先進国が世界の資源の八割を使っている。日本の物質的豊かさは、アジアの貧しさの裏返しではないのか。
⑥本当に、日本は豊かで、アジアは貧しいのか。そもそも豊かさとは何か。
⑦便利な機械や資材などの近代技術に囲まれた日本の農民のほうが、アジアの農民より総体として忙しい。これはなぜか。
⑧伝統農業をしているアジアの国ぐにこそ、有機農業の先進国ではないのか。
⑨日本は、アジアの農業に学ぶべきではないのか。
⑩アジアの自然は本当に豊かなのか。食糧を自給せず、燃料として自国の薪を使用せず、木材やパルプの大半を輸入に頼っている日本のほうが、山の緑に恵まれているのではないか。
⑪日本の百姓もアジアの百姓も、交流して友達になれば、まったく同じ。だが、私たちは日ごろ、頭のなかに国境をつくってしまっている。そもそも国とは何か。

私たちは、アジアをとおして日本が見えてくる。アジアの農村を訪ねると、とても懐かしい気持ちになる。同時に、日本が農業近代化の過程で失ったものの大きさにあらためて気づかされる。

近年、先進諸国の近代化農業は破綻をきたし、持続可能な農業に広く関心が集まっている。こうした流れを受けてか、農水省も環境保全型農業を提唱し、二〇〇六年には有機農業推進法が制定された。しかし、アジア諸国に対する日本や先進諸国の政府開発援助(ODA)は、相変わらず近代化農業を推進する方向だ。たとえば、日本政府はカンボジアに農薬と化学肥料を無償援助してきた(現在は中止)。だが、冷静に考えれば、環境保全型農業や有機農業を提唱する先進国こそ、数千年来続くアジアの伝統農業に謙虚に学ぶべきなのだ。ある意味では、アジアの発展途上国こそ「環境保全型農業の先進国」といえる。

環境を保全し、増収する農業技術の確立

しかし、アジアの農村にも市場経済が浸透し、各国政府が進める「農業の近代化」のもとで、農薬や化学肥料が使われ始めている。このまま進行すれば、生存の根源である豊かな自然環境が壊され、先進国への経済的従属関係(貧困化)はますます深まる。水田の魚を獲り、水路の水を飲む自給的生活は、不可能になる。市場経済化の波を受けたアジアの農村が伝統的生活様式を続けていくのは、困難であろう。

一方で、アジアの多くの農民が満足に食べてこられなかったのも事実だ。私が初めてベトナムを訪れた一九九四年、北部と中部の農民は、「一年のうち一〇カ月しか米が食べら

れない。残りの二カ月はキャッサバやサツマイモを食べてしのいでいる」と言った。当時、世界第三位の米の輸出国であるにもかかわらず。

こうした状況のもとで、世界の資源とエネルギーの大半を消費し、飽食している先進国が、「環境保全の大切さ」のみを発展途上国に力説しても、説得力に欠ける。環境を保全し、かつ増収する実践的農業技術の確立こそが、アジアでは求められている。

興味深いことに、ベトナムや韓国では、合鴨水稲同時作にそれぞれの工夫が加えられ、増収技術として広がっている。どこにでもいるアヒルと稲の結合によって、稲の収量が一五〜三〇％増え、合鴨肉が生産され、除草労働が節約され、農薬・化学肥料代も節約される。そして、収益は一・五〜二倍になる。苦労して、手で草を取っているアジアの発展途上国においてこそ、合鴨水稲同時作の技術の効果は高いし、必要とされる。

アジア各国の伝統農業の交流のなかから、自然と人間が調和する、真の循環永続型農業技術が生まれるだろう。合鴨水稲同時作は、そのささやかな一例にすぎない。

アジアの伝統的アヒル水田放飼と合鴨水稲同時作の違い

では、アジアの伝統的アヒル水田放飼と合鴨水稲同時作は、同じ農法と言っていいのだろうか。たしかに、「水鳥を水田に放す」という点ではまったく同じである。しかし、私が見たかぎり、アジアの伝統的アヒル水田放飼の主目的は、アヒルに草や虫や魚やタニシや小エビを食べさせたり運動させたりすること、つまり「畜産」だ。稲の生育の促進にはそれほど力点がおかれていない。

　ベトナムや中国やカンボジアなどで囲いのない田んぼにアヒルを放す光景を見ていると、面白いことに気づく。アヒルたちは畦を越えて稲の葉の上を突つきながら、美味しい餌(虫)を求めて、田んぼから田んぼへ次々と平面的に移動していく。

図13　ベトナムの伝統的なアヒル水田放飼

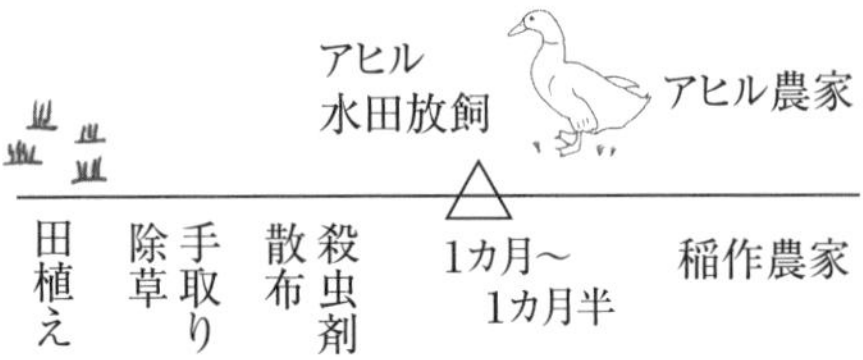

　そして、伝統的アヒル水田放飼の方法は、国や地域によって実にさまざまだ。ここでは典型的な例として、ベトナム中部のアルオイ郡とカンボジアのコンポンチャムのケースを紹介しよう。

　ベトナムのアルオイ郡では、田植えの一カ月〜一カ月半後に、アヒル農家が生後一〇〜一五日齢のアヒルを田んぼに放す。囲いがないので、数や広さは限定されない。それまで放さないのは、稲の根を強くするためだという。放すまでの一カ月〜一カ月半のあいだに、稲作農家は手取り除草と殺虫剤の散布を行う(図13)。

　アヒル農家は、他人の田んぼへアヒルを放す。アヒル農家はアヒル飼養を専業としており、餌を確保するために周囲の田んぼに放すのである。囲いがないから自由に放せるし、礼金は必要ない。田んぼの所有者がアヒルが放されている田んぼに農薬を散布するときは、アヒル農家に告げて、アヒルを出してもらうという。

アヒルは田んぼで、エビやカニや小魚を獲って食べる。あわせて、アヒル農家は一日三回、餌を与える。要するに、アヒル放飼の目的は稲の良好な生育を促すためではなく、アヒルを育てるためなのである。アヒル農家と稲作農家はあくまで別だ。

仮に、ここで合鴨水稲同時作が実践されて、田植えの一〜二週間後に生後七日齢のアヒルを放した場合、稲作農家は除草と防虫の手間と農薬代・化学肥料代が節約できる。アヒル農家は早くから水田のエビや小魚を餌として利用でき、餌代の節減とアヒルの増体が期待できる。アヒル農家にとっても稲作農家にとっても、好都合だろう。

カンボジアのコンポンチャムでは、たくさんの魚が泳ぐ湖のほとりにテントを張って一六〇〇羽のアヒルを飼育する人に会った。

「アヒルは卵を産み始めたら、田んぼへ放してよい。田んぼには、餌がたくさんある。生後一五日齢に達しない小さなアヒルは群れて稲を倒すので、放してはいけない。田植えの一カ月半後から放す。午前中は田んぼ、午後は湖。穂が出たら、田んぼへ入れない」

アジアの伝統的アヒル水田放飼は一般に、小さいときは家で飼い、大きくなってから水田に放す。不思議に思って理由を彼らに尋ねると、単純明快であった。小さいときは、食べる餌の量が少ない。大きくなると、たくさん食べる。だから、小さいときは家で飼い、大きくなったら水田で自然の餌を食べさせて、餌代を節約するのである。

一方、合鴨水稲同時作では、田植え後の二カ月間、囲いの中の限定された空間に昼も夜も合鴨を放す。初めは、アジア諸国のアヒルのように、稲の葉や株元の土を突き、美味しい虫を食べまくりながら田んぼを一巡する。つぎに、水の上に浮かんだ草の種や雑草を食べる。そして最後に、泥の中に嘴を突っ込んだり、水かきでかきまわしたりして、泥の中の虫や草の種や、浮かび上がった草の芽を食べる。つまり、合鴨水稲同時作の限定された空間では、合鴨は平面的に横に動くと同時に、垂直的に下へも動く。この二方向の動きによって、合鴨効果が総合的に持続的に、しかも均一に発揮されるわけだ。

アジアの伝統的な囲いのない水田放飼では、雑草防除効果と害虫防除効果はある程度発揮されるだろう。だが、養分供給効果や濁り水効果は、顕著には発揮されにくいと思われる。

もっとも、日本で田んぼに網で囲いをするのは、他人の田んぼへ合鴨が入るのが社会慣行上、不都合だからである。アジアの田んぼは、囲いを必要としないくらいどこにでもアヒルを放せる豊かさがあるとも言える。

韓国とベトナムの合鴨水稲同時作の位置

私たちの農民交流が機縁となり、韓国とベトナムを中心として、アジアの稲作地帯で合鴨水稲同時作が静かに広がり始めた。

韓国の農業は、日本の近代化農業を一歩遅れて追いかけているように感じる。それは、先進国農業の一般的な姿でもある（図14上）。

ベトナムの場合は、地理的・歴史的・社会的環境の異なる南北ベトナムを同列には論じられない。私が見た北部紅河デルタのハイフォンや中部のフエの農業は、自給的色彩が濃い伝統農業であった。そこに農薬や化学肥料が登場している。これは、近年急速に市場経済化の影響を受け始めたアジア各国の農村の一般的姿であろう（図14下）。

こうしたなかに、合鴨君が登場したのである。その位置はまことに好対照をなしている。

図14　韓国の合鴨水稲同時作の位置

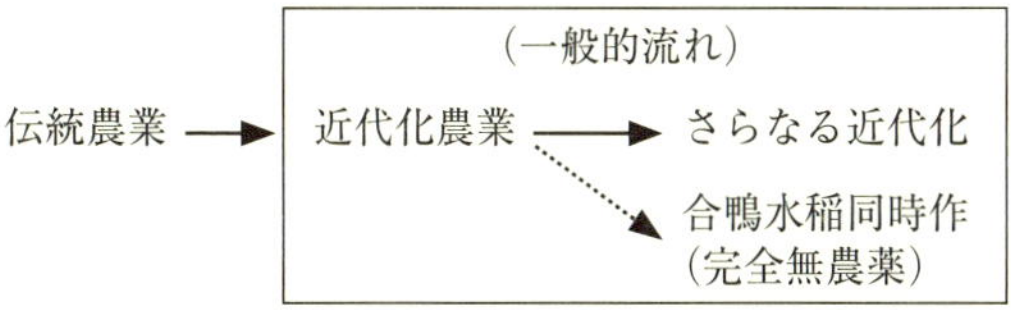

ベトナムの合鴨水稲同時作の位置

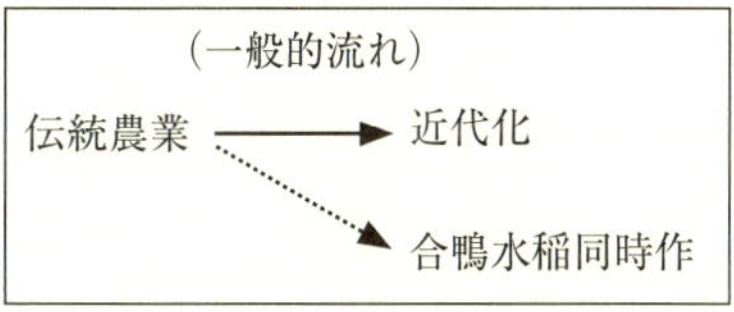

ベトナムでの急速な広がり

世界第二位のアヒル王国ベトナムでは、アヒルが六〇〇〇万羽も飼われていた（二〇〇二年）。世界的に見て、アヒルの分布と自然環境の保全状況は並行関係にあると言われる。たくさんのアヒルが飼われていれば、それにふさわしい豊かな自然環境が残っているのである。

ベトナムでは一九九〇年代後半に入って、北部のハイフォン、中部のフエ、南部メコンデルタのドンタップ省やベンチェ省で、全国的に合鴨（アヒル）水稲同時作が急速に広がり出した。ハイフォン市では一九九六年八月、市の諮問委員会（人民委員会、環境工芸局、ＶＡＣＶＩＮＡ、農業局、財政局）が合鴨水稲同時作を環境にやさしい農法として承認。市の予算で合鴨農家に三〇〇〇万ドン（約三〇万円）の支援を決定した。一九九七年度以降は、二億〜三億ドン（二〇〇〜三〇〇万円）に増加した。

ベトナムには、ＶＡＣＶＩＮＡという農業組織がある。ＶＡＣは、一五六ページで述べたようにベトナム語の畑、池、家畜小屋の頭文字で、ＶＩＮＡはベトナムを意味する。野菜・果樹栽培、養魚、畜産は、紅河デルタで古くから行われてきた。ＶＡＣはそれらを有機的に結合させた伝統的複合経営であり、農家の経済と栄養摂取の重要な部分を占めていたという。

私はそこに水田が含まれていないのを不思議に思い、ＶＡＣＶＩＮＡハノイで所長さんに質問した。すると、こんな答えが返ってきた。

「水田の稲作より、野菜のほうが五倍の金になります」

エコロジカルシステムや自給による栄養改善より、換金性（経済性）が重視されているようだ。これもドイモイ（改革・刷新）政策の影響だろうか。

見方を変えれば、合鴨水稲同時作は、ＶＡＣシステムに稲作を取り入れる方法である。その意味は、ベトナムでは決して小さくない。

地域ごとの独自な展開

日本の合鴨水稲同時作はベトナムの伝統的アヒル飼養技術と伝統的稲作技術のなかに活かされ、各地で独自の展開を始めている。たとえば、ハイフォンの合鴨（アヒル）水稲同時作の概要は、つぎのとおりである。

①水田の囲い――簡単な竹柵や低いネット。すでに述べたように、ベトナムの犬はアヒルを襲わないからである。

②稲の栽植密度――一㎡あたり四五～五四株（日本は二四～四五株）。

③アヒルの放飼羽数――一〇アールあたり四五~七五羽(日本は一〇~二〇羽)。
④アヒルの放飼時期――田え植の七~一八日後(日本は一~二週間後)。
⑤放飼時のアヒルの日齢――七~二八日齢(日本は七日齢)。
⑥アヒルの品種――ベトナムの伝統的小型アヒル。
⑦アヒルの引き上げ――生後七五日ごろ(肉を売るのは生後九五日ごろ)。

私は一九九四年以来、フエを四回訪ねた。トゥアティエン=フエ省(フエ省)の作物保護部にアイさんという農業技術者がいる。彼は「合鴨のアイさん」と親しまれており、熱心に合鴨水稲同時作の試験・研究・普及に取り組んできた。彼の報告によると、アヒル区の収量は、慣行区やIPM=Integrated Pest Management(総合的病害虫管理)区に比べて低い。とはいえ、農薬・化学肥料代と除草のための労賃への支出が減り、引き上げたアヒルが売れるため、トータルではアヒル区の収入のほうが多くなっている。

ベトナムは南北が一七〇〇キロと長い。経済的には、北は貧しく、南は豊かだ。私がベトナムを訪れるきっかけとなったJVCの活動は、北部や中部の貧しい農村地帯を中心に展開されている。だから、私も自然と、合鴨水稲同時作は北・中部の自給的小農にふさわしいと考えた。南部は一戸あたりの耕地面積が広いし、直播が中心であり、合鴨水稲同時作が普及する可能性は低いと考えたのだ。

ところが、一九九五年にメコンデルタの中心地カントーのカントー大学で開かれた日越合鴨シンポジウム以降、状況は変化する。ドンタップ省の農民トウックさんとの出会いが機縁となり、ＪＶＣの鈴木彰子さんの尽力で、ベンチェ省やドンタップ省で着実に合鴨水稲同時作が広がっていく。

図15　メコンデルタ(ベンチェ省モカイ郡)の作業暦

それは南部らしい展開といえる。なぜなら、メコンデルタで一般に行われている水稲直播と結合しているからである。そして、田んぼを囲む網やヒナの購入費用の一部をＪＶＣが支援するという方式で始まった北部や中部とは異なり、独力で取り組む人びとが多い。

技術的に見て、直播と合鴨水稲同時作との結合はきわめてメコンデルタ的で、面白い試みだ。日本ではふつう、播種後約一カ月以上して稲の苗が大きくなってから(田植えの一～二週間後)、合鴨を田んぼに放す。この間、雑草は相当に大きくなっている。そのため、播種前に鳥耕や二度代かきをして、雑草の発生や生育を抑制する。ところが、乾田直播きでは、雑草と稲が同時に発育してしまう。メコンデルタでは、この問題をどう克服したのだろうか。

図15の作業暦でわかるように、熱帯のメコンデルタは気温が高く、日射

量も多いため、稲の生育スピードは日本で想像できないほど早い。したがって、直播して約一週間後に、生後七日齢程度のヒナを放している。私たちが見た田んぼの稲は播種後一五日で、苗は四葉、高さは二一～二四センチに成長していた。日本から見ると驚くしかない。これならば直播きとの結合は可能となる。ただし、ヒエも同時スピードで生長するのではないか。

ベンチェ省の普及員のトウエンさんによれば、この地域では以前から虫を食べさせるのがおもな目的で、田植え後三日目に、三日齢のヒナを入れていたという。ただし、直播きが普及してからは、稲が倒れることを恐れて直播田に入れる人はいなかったそうだ。田んぼを網で囲っているのをよく見かけたが、それは「他人のアヒルが自分の田んぼに入るのを防ぐため」である。つまり、直播田にとってはアヒルが外敵だったわけだ。

それが、いまでは合鴨水稲同時作が広がりつつあり、まったくの逆転現象が起きている。トウエンさんの以下の言葉は、メコンデルタから生まれた名言である。

「もともとアヒルを田んぼに入れていたのだから、それを網で囲えば、合鴨水稲同時作になるんです」

考えてみれば、ベトナムのアヒルの三分の二が飼われている南部こそ合鴨水稲同時作の適地だろう。

ベトナムから日本が学ぶこと

日本での合鴨水稲同時作の評価は、「収量は慣行稲作に比べてやや低いが、無農薬の高付加価値米であり、合鴨の肉も売れるので、経済的にもよい」という見解が一般的だろう。これに対して、独自の水鳥文化をもち、農業近代化の初期段階にあるベトナムでの成果から、学ぶべき点がたくさんある。

第一は、増収技術としての見直しである。ハイフォン市で私が行ったアンケート調査では、合鴨区の収量が慣行区より一〇％前後多かった農家も見られた（キマントイ郡ホアギア村）。なぜ増収したのか、本当の理由はまだわからない。

ただし、ハイフォンにあるミンタン合作社の農民は「これまで収量が上がらなかった田んぼほどアヒル放飼の効果があった。通常の七〇％しか収量がなかった田んぼが、アヒル放飼で一二〇％に上がった」と報告した。ここに答えがあるように思われる。自然条件が悪かったり、肥料や農薬を十分に与えられなかった田んぼにアヒルを放すと、収量が一気に増えるようだ。

自然、化学肥料、農薬などの状況が異なる日本で、この増収という結果があてはまるとは限らない。だが、固定観念を捨て、合鴨水稲同時作を増収技術として見直してみるのも

小舟に乗ってアヒルを追い、幅20mはある川を渡らせていた(フエ近郊)

面白いだろう。

第二は、鴨の品種の再検討である。日本では一〇アールあたり約二〇羽の合鴨を約六〇日間放飼する。そのためには約六〇キロの餌が必要だ。その後の舎飼いでは、一カ月でさらに二七〇キロの餌がいる。一方ベトナムでは、七五日程度でアヒルを食べる。放飼終了後すぐに食べるわけだから、二七〇キロの餌代が節約できる。肉質の問題はあるが、品種を選べば日本でも早くに食べられるかもしれない。なお、実際に食べたベトナムの若いアヒルの味は、日本の合鴨に比べて薄かった。

第三は、複合農業の発展である。ベトナムにはVAC(野菜・果樹+魚+家畜)に加えて、稲+魚、稲+エビ、極めつけは稲+魚+アヒル+貝と、さまざまな複合農業がある。フエの海岸沿いにある白砂地帯へ行く途中、幅五〇〇メートルくらいのフダ川を、一人の農民が小舟に乗って約三〇〇羽のアヒルを追いながら渡っていく光景を見た。べトナムの豊かな水鳥文化を象徴するような素晴らしい眺めだった。

アジアの自給的小農にとっての意義

最後に、アジアの自給的小農にとって合鴨水稲同時作のもつ意義を、おもにベトナムを例として考えてみよう。

①農薬・除草剤や化学肥料など資材費用の節約

この経済的意味は、アジアの発展途上国では日本と比べものにならないほど大きい。慣行区で計算してみると、農薬・除草剤と化学肥料の費用は、米の値段の三分の一を占めている。私の計算では、この比率は日本の実に三倍にあたる。途上国では一般に、農薬や化学肥料が高い。これは先進国と途上国の格差であり、農工間格差であろう。

②辛い除草労働の節減

ベトナム北部や中部の農村を旅していると、たくさんの人たちが田んぼに出ている光景を目にする。除草作業をしているのだ。昔の日本を想い出して懐かしくなるが、尋ねてみると、たとえば三六〇㎡の除草に約八時間かかり、一作で二～三回の除草が必要だという。身近にいるアヒルを田んぼに入れれば、除草剤を購入する経済的余裕のない農民も、この辛い除草労働から解放される。途上国の農民にとってその意義は、除草剤を使用していた日本や韓国の合鴨農民にはわからないほど、実に大きい。

③害虫防除効果

ベトナムでも、他のアジアの国ぐにでも、日本以上に稲の害虫の被害は深刻なようだ。合鴨水稲同時作をアジアに紹介した当初は、飛来時期など害虫の生態がわからないので、害虫防除効果が発揮されるかどうかは不明だった。しかし、現在では各国で合鴨君の害虫防除効果は顕著に現れている。たとえば、ハイフォンの持続的農業研究所のニュー所長は、こう報告する。

「カメ虫類、コブノメイ蛾、イナゴなど茎の外部に付く害虫の予防効果は高い。イネツトムシのように茎の内部に入り込む害虫についても、一部に被害が見られたものの、対照区に比べると五分の一程度と著しく少なかった」

アイさんがフエ省で行った背白ウンカの調査でも、ＩＰＭ区、慣行区に比べて、合鴨区（アヒル区）の密度はもっとも低かった。私たちがベトナムの合鴨放飼田で行った独自調査でも、コブノメイ蛾以外の害虫は発見されていない。

アジア各国の伝統的アヒル放飼では、害虫が多く発生したときに、アヒルを放飼していたようだ。それに比べて合鴨（アヒル）水稲同時作では、出穂まで常に田んぼに放飼しているので、害虫防除効果は抜群に高い。

④収量が増加

アジア各国で、増収効果が認められている。日本と違って、合鴨米だからと言って高値で売れるわけではない。増収こそが目標である。

日本でも、かつて一九五一年七月五日から九月三日に行った大阪府立種畜場のアヒル放飼試験では、三四・五％の増収という結果が残っている。物資不足の当時の日本農業は、現在のベトナム農業に近かったであろう。そう考えると、農薬・除草剤や化学肥料や機械を十分に使っていない段階でこそ合鴨効果が発揮され、増収すると言えそうだ。その意味で、途上国向きの技術である。

⑤ネズミの被害が減る？

ベトナムのネズミは体が大きく、稲に甚大な被害を与える。ところが、合鴨（アヒル）田では、ネズミの被害がきわめて少なかったという。その原因には二つの説がある。ひとつはアヒル放飼田に網を張ったためという網原因説で、フエ省で言われている。もうひとつはネズミがアヒルの糞の臭いを嫌うためという糞原因説で、ハイフォンで言われている。実際に、持続的農業研究所の実験田でアヒルの糞を撒くように提案したところ、ネズミの被害は激減した。

ちなみに、『現代農業』（一九九一年四月号）の「あっちの話こっちの話」には、沖縄での鴨利用の話題として、こう書かれている。鴨の臭いというテーマも興味深い。

「カモの効用の極めつけは、猛毒ヘビのハブを寄せつけないということ。ハブは、カモ独特のニオイが嫌いなのでしょうか。カモの卵だけは飲み込まない」

⑥自然環境を保全し、アヒル放飼の伝統を守る

ベトナムやインドネシアの農村の環境問題は深刻だ。このまま農業の近代化が進めば、川や池や水田と結合した伝統的アヒル飼養は水質汚染のため、続けられなくなるかもしれない。アジア各国はいま、農業近代化かアヒル放飼に象徴されるような伝統のうえに立った農業かの選択を迫られている。アヒルと水田を創造的に結合する合鴨水稲同時作は、自然を活かし、アヒルを活かし、田んぼを活かす、もう一つの方法である。

⑦自給自足

広い広い紅河デルタの農民は、一戸あたり二〇〜三〇アールの田んぼで、稲作だけを行っていた。田んぼの未利用資源と空間を活用し、ご飯とおかずが同時に生産される意味はきわめて大きい。

⑧一切を合鴨に任せる

合鴨水稲同時作では、田んぼに合鴨君(アヒル)を放した後は、田んぼの自然力と稲の生命力に任せて、人間はほとんど何もすることがない。柳の木の下に静かに座り、風に吹か

れながら、田んぼに遊ぶアヒルを眺めている。そんな自然と調和したゆったりしたリズムは、モンスーンアジアによく似合う。

経済発展との関連

以上はおもに合鴨水稲同時作の「技術的合理性」である。技術が普及するためには、技術的合理性と同時に「経済的合理性」が必要になる。

ベトナムの合鴨水稲同時作にも、コスト削減とアヒルが売れるという経済的合理性はある。だが、途上国のベトナムでは、残念ながら、合鴨米だからといって必ずしも高く売れるわけではない。高く売れるという「積極的経済合理性」は、ドイモイ政策下でも発揮されていないようだ。合鴨米は、ふつうの米より大幅に高く販売されているわけではない。

そのためか、ベトナムではアヒルの放飼羽数が一〇アールあたり一〇〇羽と、日本の三～五倍も多い。合鴨米が高く売れない分、アヒルの放飼羽数を増やして、肉の売り上げでカバーしているようだ。

中国では、二〇〇〇年を境に合鴨水稲同時作が急速に各省で広がった。これは、急激な経済発展が原因である。経済発展によって、高くても安全な米を求める消費者が多く出現したのである。一方、ベトナムでは合鴨米を高く買える消費者はまだ多くない。だから、合鴨水稲同時作の普及のスピードはそれほど早くない。それでも最近、北西部のホアビン省やメコンデルタで、再び広がり始めている。ベトナムも経済発展が進んできたのであろう。

第7章　失敗の先にあるもの

苦労して開発した初期乾田条間株間除草機の除草効果は抜群

ここまで、私の多様な試行錯誤を中心に話を展開してきた。本章ではそのまとめとして、私の最新の技術、アジアの最新合鴨事情、そして伝統技術と合鴨水稲同時作の比較のまとめとして私の博士論文について書く。

1　技術を組み立て直す

二〇一三年も失敗

二〇一二年夏の終わりに南フランスのモンペリエ市で第一回世界有機稲作会議が開かれ、私は招かれて参加した。参加国は、ＥＵ諸国、アメリカ、ブラジル、アルゼンチン、インド、バングラデシュ、カンボジア、アフリカ諸国など。このうち、ＥＵ諸国、アメリカ、ブラジルは直播稲作の国であり、関心は当然、有機直播における除草技術に集まった。

その方法は、輪作、田面の均平化、機械除草、水管理の四つである。主要な方法は水管理だった。何と彼らは、一五～二〇日間、水深一五～二〇センチにして雑草を防いでいたのだ。直播の苗は水没している。苗の水没がタブーの田植え稲作では想像もつかない、豪快な超深水技術である。

もっとも、超深水の実際の成果はわからなかった。アメリカのランバーグ農場支配人のジェシカさんは「ときどき草が生える」と言う。会議後のフィールドトリップで見学した湿地帯カマルグの有機直播水田は、茫々（ほうぼう）たるヒエだった。それでも、私にとっては、ＥＵ諸国、アメリカ、ブラジルで乾田直播の除草法として超深水を続けていることに意味があった。この年の合鴨乾田直播で、独自に一〇センチの深水に挑戦していたからだ。彼らの話に、我が意を得たりと思った。

翌二〇一三年は、フランスで学んだ二〇㎝の超深水に挑戦する。直播田を超深水にし、その後二～三センチくらいの浅水にして合鴨君を放したが、株間にヒエが散見された。一〇年越しの失敗である。原因は明確だった。

私の集落では、毎年六月七日から用水路に水が流れる。農家は競争するように、水を引いて代かきし、田植えをする。周囲の田んぼは畦が低く、三～五センチしか水が張れない。そうした状況で、私だけが突出していきなり二〇センチの深水にするのは気がひけた。だから、周囲の田植えがほぼ終わる一〇日ごろから水を引くことにしている。

六月一〇日ごろに乾田直播田の稲を出芽させるには、一週間前の三日ごろに直播せねばならない。だが、このころは入梅期。雨が降りやすく、直播できない。仕方なく、比較的天気が安定している五月二〇～二五日に直播した。その結果、超深水を開始した時点で直播後二週間経過していたため、株間のヒエは大きくなり、除草効果が発揮できなかったのである。ヒエが二葉より大きくなっていると、除草効果は低い。

有機直播の除草原理

稲の出芽直後に超深水にすれば、ヒエが小さいので抜群の除草効果がある。ガラスの水槽を使ったテストでも、それは明瞭だった。この超深水効果を、稲の出芽直後ではなく、出芽二週間後ぐらいの田んぼで発揮させるには、どうしたらよいのだろうか。これが私のテーマになった。

答はいつも田んぼにある。私は超深水後の田んぼを観察した。乾田状態でスパイラルローターをかけて除草した条間には、ヒエはほとんど見られない。ヒエが多発しているのは、稲を傷めるのでスパイラルローター（一四一ページ参照）がかけられない株間だけである。問題は乾田の株間除草だ。

水田の合鴨君には、条間も株間も関係ない。縦横無尽にスイスイ。二葉以下のヒエを嘴や水かきで浮き上がらせ、踏み込んで泥の中に沈める。しかし、水のない乾田状態では、合鴨君の除草効果はあまり期待できない。また、水を張った水田のヒエが二葉より小さいときは、条間に水田中耕除草機をかければ泥水が株間のヒエにもかかるので、かなり防げ

図16　乾田で出芽直後のイネとヒエ

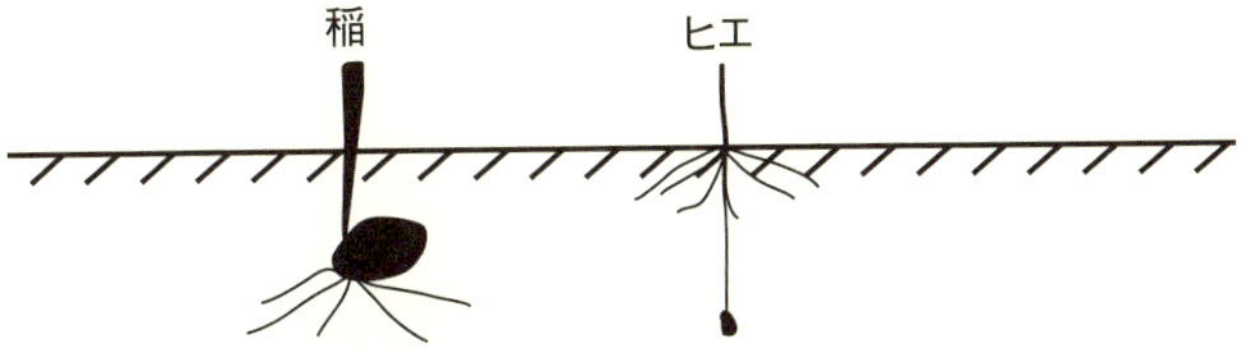

る。しかし、水のない乾田ではそうはいかない。

私は乾田用の稲の株間除草機をいろいろと調べたが、どこにもない。ないのなら、自分で造ってみようと思った。

乾田の株間除草の原理

私は乾田の稲の出芽直後の土を掘り、稲とヒエの根の状態を観察した。すると、面白いことに気づかされたのだ。

稲は深さ二〜三センチのところから芽を出し、根をしっかり張っている。それは、播種機の播種深度を二〜三センチに設定しているからである。一方ヒエの発生深土は多様だ。深さ五センチくらいのところから芽を出しているときでも、図16のように、根は地表付近に細く張っていた。

ここで、私は除草原理を考えた。一つは培土。出芽直後のヒエは稲に比べて、根が浅く、芽は細くて短い。種子が稲より極端に小さいからであろう。そこで、株間へ正確な培土をして、出芽直後のヒエに泥を被せる。もう一つは、鋤で深さ一センチ程度のところの土を掘り返

図17　2014年の合鴨乾田直播の栽培歴

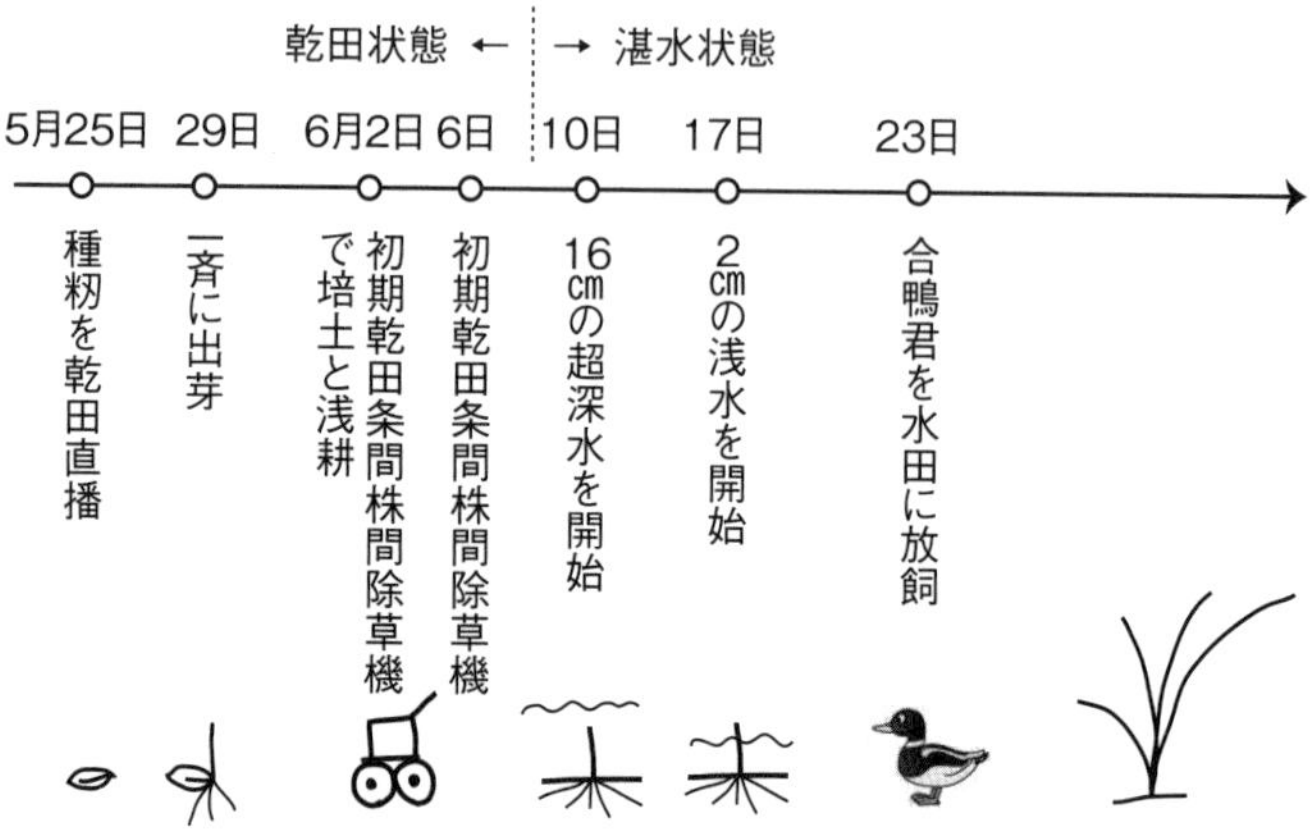

し、ヒエだけを掘り起こす。

私はオーレック社の牛島崇裕さんにこのアイディアを語り、提案した。

「乾田の株間除草機を造りましょう。できなかったら、今年で乾田直播を止めますばい」

そして、我が家の田んぼで何度も何度もテストと改良を繰り返し、二〇一四年の初夏に試作機が完成した。オーレック社開発部の安部秀治さんを中心とする皆さんのご尽力の賜である。

私は二〇一四年五月二五日、種籾を乾田直播した。一斉に出芽したのは二九日だ。六月二日と六日に、試作機で条間と株間の除草を同時に行う。そして、一〇日に一六㎝の超深水にして、稲の苗を水没させた。この時点で、ヒエは条間でも株間でも発生していない。

六月一七日に超深水を終了し、二センチくらいの浅水にした。このときもヒエは発生していない。深水で稲がやや徒長気味になったので、二三日まで浅水状態を保ち、合鴨君を水田に放飼した(図17)。

その結果、八月末現在、ヒエは前年までに比べて驚くほど少なく、稲は美しく豪快に育っている。乾田のヒエを初期乾田条間株間除草機でやっつけ、超深水と合鴨君の共同で湛水状態のヒエを防除したのである。

失敗の先に成功がある

私は二〇〇七年に出演した『プロフェッショナル仕事の流儀』で、負け惜しみを言った。

「成功するまで、やり続けます」

実際、ドライ効果、フラッシュ・アンド・リリース、初期乾田条間株間除草機の改良につぐ改良、深水、超深水と合鴨乾田直播に関していろいろ試してきたが、この初期乾田株間除草こそ技術の肝(中核的問題)だった。私は二〇〇三年以来、この肝の周辺をグルグル回っていたのだ。

この乾田の条間と株間除草の技術と超深水は、合鴨乾田直播だけでなく、有機乾田直播稲作に広く応用できるかもしれない。いや、稲作全般に応用できるかもしれない。大きな苗が植えられ、雑草が発生しない、田植え直後の状態を乾田直播でもつくり出せるからだ。収穫の秋が楽しみである。

それにしても、私は合鴨君に導かれて技術的にも遠くへ来た。だが、これは完成ではなく、出発点にすぎない。原理がわかっただけだ。これからも楽しい思考錯誤は続く。

2 アジア合鴨最新事情

鳥インフルエンザの原因は野鳥ではない

「鶏や合鴨の小屋の網が破れていたら補修して、野鳥が侵入しないようにしてください」

アジアで鳥インフルエンザが発生するたびに、管轄の家畜保健衛生所からこんな趣旨のＦＡＸが送られてくる。

一般に、鳥インフルエンザの原因は雁や鴨などの渡り鳥、それらのウイルスを媒介する野鳥だと言われている。しかし、本当だろうか。長年、夏の田んぼに合鴨君を放してきた私は、そうは思わない。

鳥インフルエンザの真の原因は、ウィンドレス鶏舎に象徴される、外界と遮断された密閉空間で大規模に密飼いを続けてきた近代養鶏自体にあるだろう。どこにでもいる低病原性のウイルスがストレスでいっぱいのウィンドレス鶏舎に入り、世代交替を繰り返すなかで高病原性に変わって、人や物の移動で周囲に広がっているのではないだろうか。

とすれば、鳥インフルエンザは、自然と共存できない飼育方法に対する自然の警鐘である。改めるべきは、野鳥や合鴨君ではなく、動物福祉（アニマル・ウェルフェア）からほど遠い近代養鶏であろう。

すでに書いたように、アジアのアヒルたちは、三〇〇〇～四〇〇〇年前から、一九七〇年ごろまで、放し飼いで飼われてきた。もし野鳥が鳥インフルエンザの原因ならば、アヒルははるか昔に絶滅しているはずである。

野鳥も家畜も、ずっとウイルスと共存して生きてきたのだ。二〇〇〇年間ほとんど発生しなかった鳥インフルエンザが、なぜ現代に猛威を振るうのだろうか。おそらく、人間の活動が原因である。

韓国に広がった合鴨水稲同時作

「日本で約二〇〇カ所の農家を見ました。私がもっとも気に入ったのは、漢方農薬を使用する農法と、あなたの合鴨農法です。ぜひ研修させてください」

一九九二年五月末、東京・赤坂にある釜山日報東京支社の崔性圭（チョソンギュ）支社長が、義兄の実業家・金大年（キムテニョン）さんとともに、我が家へ来訪。二人は持参した麦わら帽子をかぶり、長靴をはき、汗だくで玉ねぎなどを収穫し、合鴨のヒナを早生の稲の中に放した。

「ぼくは、古野さんの外国人研修生第一号です」

夜、焼酎でほろ酔い機嫌の崔さんは、とてもうれしそうだった。

外国人研修生第１号の崔性圭さん

その年の九月に韓国に招かれた私は、二人の故郷である慶尚南道昌寧郡（キョンサンナムドチャンニョン）の田んぼを見た。そのときの不思議な光景は、いまも忘れられない。

周囲の田んぼの稲は、直前に朝鮮半島を縦断した台風で完全に倒伏。軍隊が出動して、倒れた稲を起こし、四束ずつ結んでは立てていた。ところが、金さんの合鴨田の稲だけがピーンと立っているのだ。大きな葉が天を衝き、茎が太い、大きな穂だった。合鴨効果一〇〇％。豪放な実業家・金さんらしい稲の姿だった。この様子が韓国の公共放送局ＫＢＳで放映され、合鴨君は一躍有名になる。

二年後の一九九四年夏、私は再び招かれて昌寧郡で講演した。その会場で、背の高い老人に丁重な日本語で話しかけられた。洪淳明（ホンスンミョン）先生。忠清南道洪城郡（チュンチョンナムドホンソン）にあるプルム農業高校の校長だという。プルム農業高校は、農民たちがお金を出し合って創立した、一学年二五人の小さな学校で、韓国では唯一、有機農業が学べる。半日教室で勉強し、半日は田畑で労働する。受験偏重の韓国社会のなかで、全人教育を行うユニークな学校である。

韓国の合鴨水稲同時作は、その後、洪先生と教え子の農民リーダー朱亨魯（チュヒャンロ）さんを中心に、全国に広がっていく。順風満帆だった。二〇〇五年の合鴨水稲同時作の作付面積は六三〇〇ヘクタールで、七四〇〇〇戸の農家が取り組んだ。

ピンチをチャンスに変える

しかし、二〇〇三年の鳥インフルエンザの発生から、合鴨君の試練が始まる。二〇〇八年には鳥インフルエンザが蔓延し、多くの合鴨農家が腰砕けになっていく。

二〇一二年七月、洪先生と朱さんが住む洪城郡の文堂里（ムンダンリ）で日韓合鴨シンポジウムが開かれ、私は水田を見学した。かつては見渡すかぎり水田ごとに網が張られ、金属製の丈夫な小屋が常設されていた。この小屋はオリホテルと呼ばれる。オリは、韓国語で鴨を意味する。一面に合鴨君が放された光景は実に壮観であったが、このときはオリホテルに夏草が絡みつく、さびしい光景が散見された。

私は講演で韓国の合鴨兄弟に、「文堂里のシンボルである合鴨君を再生してください」と強く語った。ちなみに、私と朱さんは韓国で「合鴨兄弟」と言われている。

翌二〇一三年春、うれしい便りが洪先生から届いた。

「地域の農民たちは話し合って、合鴨再生の方針を決めました」

ところが、二〇一四年は三月から韓国中に鳥インフルエンザが広がり、八月になっても発生が収まらない。これは異常事態である。かつて、この病気はおもに冬に発生した。合鴨君を水田放飼する夏は、暑さと湿度でウイルスの活動が低下するからだ。にもかかわらず、この年は夏になっても流行が続いている。

私は韓国の合鴨農家の窮状を慮ると気の毒で、洪先生に長いあいだ電話をかけることができなかった。ようやく、七月末に思い切って電話すると、予想に反して洪先生の声は弾んでいた。

「鳥インフルエンザの原因が野鳥ではないことが、疫学的に証明されています。今年はまだ流行が続いていますが、洪城郡の農民たちは合鴨を水田に放しました」

私は洪先生のお言葉で、一気に心が明るくなった。

鳥インフルエンザというピンチの中に飛び込み、自分の信ずる合鴨水稲同時作を敢然と実践すれば、ピンチがチャンスに変わる。洪城郡の合鴨君に、現時点で鳥インフルエンザは発生していない。洪先生は、「鳥インフルエンザの原因は野鳥や合鴨ではない」と新聞などで執筆し、若い人や消費者が再び合鴨水稲同時作に関心を持ち始めている。

七月末に岡山県瀬戸内市で開催された日韓合鴨農民交流会には、韓国から三三名が参加した。大半が若い人で、そのパワーに日本人が圧倒された。

「オリマンセー！　合鴨ばんざい！」

ミンダナオ島への普及

「オレたちは合鴨に人生を狂わされたんだよ」

ある会議の休み時間に、フィリピン人のアポロさんとバングラデシュ人のタンビールさんが、笑いながら冗談を言い合っていた。たしかに、私も含めて、そのとおりかもしれない。

私は一九九七年に、フィリピンのＮＧＯの依頼で日本有機農業研究会から派遣され、ミンダナオ島中部のブキドノン州に行った。山の中の村をまわり、合鴨水稲同時作のワークショップを行うためだ。そのときの案内人がアポロさんである。

「ぼくはこう見えても社会学者なんです」と言う当時二七歳の陽気な彼のおかげで、山村の旅は実に愉快だった。

以来一七年間、合鴨君に心を奪われたアポロさんはＰＡＲＦＵＮＤ（The Philippine Agrarian Reform Foundation for National Development＝フィリピン農地改革支援基金）というＮＧＯで活動し、フィリピンとりわけミンダナオ島に合鴨水稲同時作を普及していく。それは決して順風満帆な道ではなかった。台風で合鴨君が村ごと流されるような幾多の困難に直面したが、持ち前の陽気さと奮闘努力で乗り越えてきたのである。

そして二〇一四年三月、ミンダナオ島北部のブシアン市で第八回アジア合鴨シンポジウムが開催された。主催はＰＡＲＦＵＮＤ。農民交流、現地見学、バロット早食いコンテスト、合鴨料理コンテスト……。実用的で、地域づくりも学べる楽しい会議だった。参加者は二二〇名。うち一五〇名が農民で、日本人は私を含めて六名だった。

バロットから始まる「フィリピン」モデル

孵卵機に合鴨やアヒルの卵を入れると、ふつうは二八日で可愛いヒナが産まれる。入卵後一七日目ごろの卵の中には、羽毛が生え出したヒナがいる。この卵を茹でて、ハーブや塩を添えて食べる「バロット」は、フィリピン人の大好物だ。ベトナムでは「ビットロン」、カンボジアでは「エンブリオ」、中国では「毛蛋（マオタン）」と言う。日本にはないが、バロットはアジアに広がる水禽食文化なのだ。グロテスクと思うのか、たいていの日本人は敬遠して、食べようとしない。

私が初めてビットロンを食べたのは、一九九四年に訪れたベトナムのホーチミン農林大学の食堂だ。孵化を始めて一七日目のアヒルの卵が、そのまま茹でて置かれている。講演終了後に、畜産学科の偉い先生が、さも本当らしく言った。

「これを食べないと、一人前のアヒル飼いにはなれませんよ」

私と萬田正治先生は仕方なく、卵の殻をむいてみた。少し毛の生えかけたアヒルのヒナの形がはっきり確認できる。スプーンですくって、おそるおそる口に入れてみた。味はかつお節に似ている。不味くはないが、美味しくもない。見かけを気にしなければ食べられる。ホーチミン農林大学の先生たちは、美味しそうに何個も食べていた。

今回のアジア合鴨シンポジウムではバロット早食いコンテストがあり、私と三〇歳の小柄な美人・和美さん(仮名)が日本代表として参加した。彼女は初めてのはずなのに、何の躊躇もなく、パクパクと三個食べた。これには、フィリピン人もビックリ。私は必死に四個食べた。優賞者はなんと一二個！

フィリピンでも、ベトナムでも、バロットは夕闇の街角で、ランプをつけてひっそりと売られている。実は、バロットは精力剤なのだ。フィリピン人は、「バロットを食べると身体が熱くなる」と表現する。

ミンダナオ島には一日に約三万個のアヒルの卵が首都マニラから運ばれてきて、バロットにして売られる。一カ月に一〇〇万個近い卵が送られてくるわけである。だから、卵をバロットにする孵化場は多いが、アヒルのヒナを生産・販売する孵化場はきわめて少ない。合鴨水稲同時作のヒナの確保に苦労するだろう。

そこで、ＰＡＲＦＵＮＤは合鴨農民グループを支援して、ミンダナオ島の各地に孵化場を建設している。合鴨(アヒル)の季節には、この孵化場でアヒルのヒナを生産・販売し、シーズンオフにはバロットにして売る。合鴨農民は田んぼから引き上げたアヒルを育て、卵を産ませて孵化場に販売し、孵化場はそれをバロットにして売る。シンポジウムで発表したある農民は、アヒルの卵を集めることを「お金を拾う」と表現していた。

このアヒルはパチィロスダックと呼ばれる。一年に二八〇個の卵を産む産卵用のアヒルだ。パチィロスダックを利用すれば、合鴨農家は一年中アヒルを活用できる。ヒナのときは水田で働き、大きくなると卵を産む。アヒルの卵は一個七ペソ、ヒナは一羽三五ペソ、バロットは一個一八ペソである。ちなみに、合鴨米は一キロ五〇ペソ、普通米は一キロ四〇～四五ペソだ(ともに玄米)。

アジアに普及した合鴨水稲同時作では従来、日本と同様に、おもに肉用アヒルを使用してきた。アポロさんたちがマニラの卵業者を制して、ミンダナオ島のバロットを自前でまかなうようになれるかは、いまのところわからない。ただ、国や県や市の補助を受けて、各地にアヒル孵化場が造られている。アポロさんたちはこのシステムを「フィリピンモデル」と称し、新たな社会経済モデルとしてアジア各地に売り込もうと夢みている。

またPARFUNDは、貧しいために栄養失調になる子どもが多い地区の学校給食に、アヒル肉入りの玄米炊き込みご飯を数カ月間提供してきた。その結果、慢性的栄養失調が九四％改善したという。栄養改善効果が明らかになった後で、アポロさんたちは地域の農民に集まってもらい、合鴨プロジェクトを提案する。

さらに、アヒルを水田に放すと、風土病の住血吸虫症(住血吸虫科の寄生虫によって引き起こされる病気で、内臓にも悪影響がある)が少なくなるそうだ。農民たちが水田に入る必要がなくなるためと、アヒルが住血吸虫の宿主の貝を食べるからである。

つまり、ミンダナオ島では合鴨水稲同時作をとおして、家庭経済の安定、栄養と健康の改善という、アジアの地域づくりの原点に直接向き合っているのだ。これこそ、独自性と普遍性のある「ミンダナオモデル」だと私は思う。やはり一鳥万宝だ。

3 百姓しながら学位論文を書く

合鴨水稲同時作と伝統技術との比較研究

私は九州大学の横川洋先生（当時）のお導きにより九州大学に学位（博士）論文を提出し、審査を受け、二〇〇七年九月に博士号を授与された。テーマは『アジアの伝統的アヒル水田放飼農法と合鴨水稲同時作に関する農法論的比較研究―囲い込みの意義に焦点を当てて―』である。その内容については、一〇七ページで簡単に紹介した。

すでに、いくつかの大学や農業試験場で合鴨水稲同時作の研究が行われている。だが、それらはおもに近代化技術との比較を意図していた。私が挑戦したのは、合鴨水稲同時作と伝統技術との比較研究である。

アジアのアヒルは大昔から、朝に囲いのない地域の水田に共同放飼され、夕方はそれぞれの家に連れて帰って餌を与え、小屋に収容するという方法で飼われてきた。アジアの伝統的アヒル水田放飼農法である。この方法と合鴨水稲同時作の本質的相違点は何かが、学位論文の主テーマだ。

それは囲い込みである。合鴨水稲同時作は、囲い込みによる限定空間で稲と合鴨を同時に育てる。そのため、伝統技術に比べて稲に対する合鴨効果が格段に高まり、適期に、均一に、継続的に、効果を発揮する。連続的に考えると、どちらかというと畜産の技術であった伝統技術が、囲い込みによって本格的に稲作と畜産を統合発展させ、合鴨水稲同時作になる。すべては、囲い込みから始まったのである。

さらに私は、囲い込みの視点からヨーロッパの農業革命と合鴨水稲同時作も比較研究し、同時作が伝統農法の基本原理である輪作と相補関係にある普遍的概念であることを明らかにした。以下は、二〇〇八年一月二八日に開催した学位取得報告会の資料の抜粋である（一部の表記を本書に合わせた）。

学位（博士号）取得の経緯

横川先生のお招きにより、私は一九九八年から毎年五月に、九州大学で合鴨水稲同時作の授業をしてきました。二〇〇五年五月、授業を終えた私に横川先生が言われました。

「合鴨水稲同時作とアジアに関して論文にまとめてみませんか」

私は一応「はい」と答えました。その後、農事の忙しさの中でそのことをすっかり忘れていました。

翌二〇〇六年五月、授業のために研究室を訪れた私に「博士論文は進んでいますか」と横川先生が尋ねられました。

「博士論文とは何のことですか」

「昨年言ったではありませんか」

「論文と言われましたが、博士論文とは聞いておりません」

「あのような場合、博士論文を指すのです」

「百姓の私が博士号を取って何か役に立つでしょうか」

「中国とか海外に行ったとき役立つと思いますよ。いままで書いてきたものをまとめて、少し味付けすればいいのです」

有機農業に三〇年以上従事し、毎日朝から晩まで田畑で働いている私にとって、博士号なんて遠い話。大学院の博士課程に入学せずに、論文だけ提出して博士号が取得できる論文博士の道があるとは驚きでした。正規の修士課程や博士課程で授業を受けないで、はたして百姓の私に学位論文が書けるだろうか。

やがて卒業論文や修士論文に取り組む、我が家の子どもたちと同じ土俵で、もしも私が博士論文を完成することができれば、子どもたちが人生を考える場合の参考になるかもしれない。そう考えて、五〇代最後のチャレンジとして学位論文を書いてみることにしました。

六月から論文作成に取りかかりましたが、毎日、朝から晩まで働いている私にとって、仕事と論文作成の両立は至難の業でした。私は毎朝、その日のテーマを決め、仕事をしながら考えました。しかし、書く行為は別でした。一日一二時間以上働いている私の頭が、仕事モード(態勢)から論文モードに変換され、集中して書けるようになるまでに、最低一時間の「暖気運転」が必要でした。絶対的に時間が不足していました。

二〇〇六年一一月、イタリアのトリノで開催されたスローフードの生産者会議に私と妻は参加しました。合鴨水稲同時作のプレゼンテーションをしました。帰国の飛行機が成田空港に到着したとたんに、妻がエコノミークラス症候群になりました。ドクターヘリで千葉の北総病院に搬送され、集中治療室に入れられました。二二日間入院しました。妻の入院中に、論文の初めての提出期限となりました。私は結論を深く突き詰める時間もなく、論文を主査と副査の先生に提出しました。副査の萬田正治先生から電話がありました。

「古野さん、論文読みましたよ。まだまだ博士論文のレベルには達していません」

予想していたことですが、私は落胆しました。

「古野さん、博士号を取って就職するわけではないのですから、自分の納得いくものをゆっくり書いたらいいのです」

萬田先生は研究者であると同時に教育者です。私は仕事の忙しさにかまけて、適当に切りを付けて学位を取ろうと考えていました。私は逃げていたのです。萬田先生のお言葉により、私は自分自身に向き合い、腰を据えて論文に取り組めるようになりました。それまで、合鴨水稲同時作自体に元々オリジナリティー（独創性）があり、それをまとめれば博士論文になると気軽に傲慢に考えていました。本当はそうではなく、従来の成果を踏まえつつ「新視点」を創出することこそ横川先生がいつも言われているオリジナリティーであり、萬田先生の言われる自分が納得するものだと気づかせて頂きました。

副査の江頭和彦先生は、私の拙い論文全体に朱を入れてくださいました。副査の甲斐諭先生は、論文の正しい書き方についてアドバイスを下さいました。副査の大西緝先生は、後日経営分析に関して厳密なアドバイスを下さいました。

二〇〇七年五月から、ＮＨＫ『プロフェッショナル』の五〇日間の密着取材が始まりました。農繁期と『プロフェッショナル』と論文の追い込みが重なり、てんやわんやの忙しさでした。その忙しさの中でも休まないで少しずつ考え、書くことを続けていけば道は開けることがわかりました。もちろん、妻と子どもたちの支援があったからこの難局を切り抜けることができたのです。

主査の横川先生は、終始温かく深い指導をしてくださいました。日々の論文作成は大変でしたが、月に一度九州大学へ行き論文を発表して、横川先生に聞いていただきディスカッションをするのは、まるで学生時代に戻ったようで、愉しい一～二時間でした。このときは横川先生の命により、必ず長男隆太郎を同席させました。長男は九州大学農学部農業経営学教室の大学院生です。終了後大学近くのレストランへ行き、生ビールを飲みながら、感想を聞き、論文のアイディアを語り合いました。いろいろなことがありましたが、論文作成の一年間は私の人生の中で最も充実した一年であったような気がします。

「いままで書いてきたものをまとめて少し味付けをすればいいのです」という横川先生の有難く甘い言葉で、私は学位論文を書くことを安易に決断しました。いま、論文を書き終えて考えてみると、「オリジナリティー」という料理が決まらなければ、味付けなんてできないのです。横川先生は全てをお見とおしの上で言われたようです。横川先生も研究者であり教育者です。

有難うございました。

寒梅や　学位を祝い　二三輪　　合掌

おわりに

二〇一四年の夏、当地は異常気象。災暑のはずの八月に、梅雨のように雨が降り続いた。九月になると一気に秋めき、穏やかな晴天が続いている。

私は清明な秋空の下、直播田で稲の上に伸び上がったヒエを鎌で切り取っている。ヒエは一見派手に見えるが、少ない。今年オーレック社と共同開発した乾田用の初期条間株間除草機が通らなかったところに、少し生えているだけだ。初期条間株間除草機による乾田での完璧な除草、超深水、合鴨君の活躍の相乗効果である。もしかしたら、最初の二つは有機乾田直播稲作の普遍的除草原理かもしれない。

予想どおり、今年の直播田の稲は太茎、大穂の、秋優り型。「豊作の姿」になっていく。一二年間の歳月を要した「合鴨乾田直播」が俄然楽しくなってきた。実りの秋である。

本書で私がもっとも言いたかったのは「農業は面白い」ということだ。その最大の面白さは、現実の問題にぶつかり、はじき返され、失敗に失敗を重ねながら、一期一会の力に生かされ、創意工夫して、技術を自分で創り上げていくドラマのなかにある。なお、第6

章は「合鴨通信」(全国合鴨水稲会発行)に書いた文章をもとに加筆している。

私が東京のコモンズを訪問し、大江正章さんに「一般向けの合鴨稲作の本を出したい」と言って快諾を得たのは、二〇〇六年のことである。しかし、その後、私に予期せぬ出来事がいくつも起こり、農事の多忙も重なり、原稿がなかなか書けなかった。いつの間にか八年の歳月が流れた。

大江さんには大変ご迷惑をかけてしまったが、八年間のピンチとチャンスで、この本は美味しく、面白く発酵した。これでよかったと、今は思っている。

大江さんは長いあいだ、私を励まし、支え、最後まで付き合ってくださいました。心からお礼を申し上げます。ありがとうございました。

豊作の　稲を眺める　彼岸花　　合掌

二〇一四年九月一五日

古野 隆雄

【著者紹介】
古野隆雄(ふるの・たかお)

1950年、福岡県生まれ。九州大学農学部卒業後、完全無農薬有機農業に取り組む。88年にアイガモ水稲同時作を開始し、試行錯誤のうえ技術を体系化。アジア各地に広がっている。2001年にスイスのシュワブ財団から「世界でもっとも傑出した社会起業家」のひとりに選出された。2007年に九州大学で博士号(農学)を取得。現在、合鴨水稲同時作7.3ha、露地有機野菜2ha、有機小麦2ha、自然卵養鶏300羽、合鴨の雛4000羽。

主著に『アイガモの絵本(そだててあそぼう65)』『合鴨ドリーム——小力合鴨水稲同時作』(以上、農山漁村文化協会)、『アイガモがくれた奇跡——失敗を楽しむ農家・古野隆雄の挑戦』(家の光協会)、『農業と人生を面白くする』(NHK出版) など。

農業は脳業である

二〇一四年一〇月六日　初版発行

著　者　古野隆雄

発行者　大江正章
発行所　コモンズ
東京都新宿区下落合一—五—一〇—一〇〇二
TEL〇三（五三八六）六九七二
FAX〇三（五三八六）六九四五
振替　〇〇一一〇—五—四〇〇一二〇
info@commonsonline.co.jp
http://www.commonsonline.co.jp/

印刷・東京創文社／製本・東京美術紙工
乱丁・落丁はお取り替えいたします。
ISBN 978-4-86187-063-7 C 0036

＊好評の既刊書

有機農業の技術と考え方
●中島紀一・金子美登・西村和雄編著　本体2500円＋税

地産地消と学校給食　有機農業と食育のまちづくり〈有機農業選書1〉
●安井孝　本体1800円＋税

有機農業政策と農の再生　新たな農本の地平へ〈有機農業選書2〉
●中島紀一　本体1800円＋税

ぼくが百姓になった理由（わけ）　山村でめざす自給知足〈有機農業選書3〉
●浅見彰宏　本体1900円＋税

食べものとエネルギーの自産自消　3・11後の持続可能な生き方〈有機農業選書4〉
●長谷川浩　本体1800円＋税

地域自給のネットワーク〈有機農業選書5〉
●井口隆史・桝潟俊子編著　本体2200円＋税

農と言える日本人　福島発・農業の復興へ〈有機農業選書6〉
●野中昌法　本体1800円＋税

放射能に克つ農の営み　ふくしまから希望の復興へ
●菅野正寿・長谷川浩編著　本体1900円＋税

原発事故と農の復興　避難すれば、それですむのか?!
●小出裕章・明峯哲夫・中島紀一・菅野正寿　本体1100円＋税

天地有情の農学
●宇根豊　本体2000円＋税

パーマカルチャー（上・下）　農的暮らしを実現するための12の原理
●デビッド・ホルムグレン著／リック・タナカほか訳　本体各2800円＋税